ENCYCLOPEDIA
FOR
CHILDREN

中国少儿百科知识全书

ENCYCLOPEDIA FOR CHILDREN

中国少儿百科知识全书

浩瀚宇宙

穿越百亿光年的旅程

高晓华 / 著

少年儿童出版社

目 录

ENCYCLOPEDIA
FOR
CHILDREN

什么是宇宙？

宇宙始于 138 亿年前的一次大爆炸，在浩瀚的宇宙中，地球只是微小的一个点。

观测宇宙

在晴朗的夜晚，我们抬头就可以看到闪烁的星星。那么，科学家如何观测遥不可及的宇宙的呢？

我们所在的太阳系

太阳系是我们的家园。除了太阳、地球和月球，这里还“居住”着其他各种各样的神奇天体。

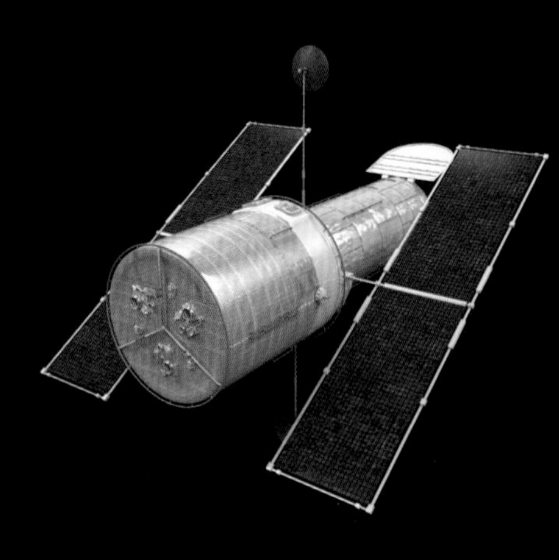

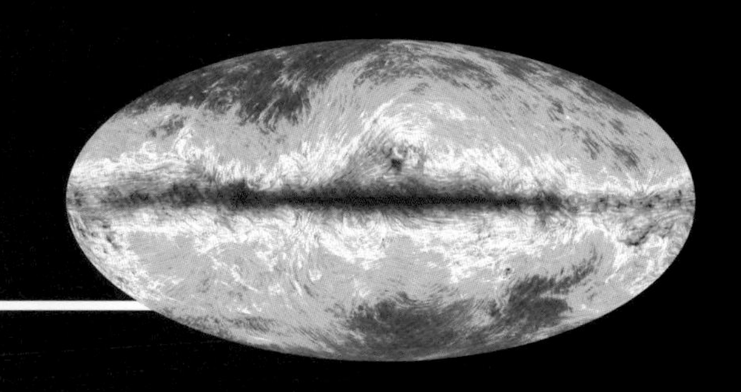

银河系与河外星系

太阳系并非位于银河系的中心，银河系也并非整个宇宙，宇宙中还有太多未知的世界等待我们去探索。

未知的宇宙

外星人存在吗？假如外星人搭乘飞船经过太阳系，他们可能根本不会注意到微小的地球。

附 录

我们在宇宙中的位置

地球是我们的家园，对于人类来说，地球非常大。然而，在浩瀚的宇宙中，地球只是一个非常微小而暗淡的蓝点，就好像茫茫沙漠中的一粒沙子。我们人类就居住在这粒“沙子”上，体验喜怒哀乐，经历生老病死，代代繁衍，生生不息。

宇　宙

宇宙没有中心。狭义的宇宙指包括地球及其他一切天体的无限空间。广义的宇宙则是万物的总称，是时间和空间的统一体。我们能看到夜空中的点点繁星，它们是宇宙中的天体。此外，宇宙中还有很多肉眼看不见的东西，比如红外线、紫外线，以及暗物质和暗能量。据粗略估计，宇宙中包含了超过1 000 亿个不同大小的星系，而最小的星系就包含几亿颗恒星。最新的研究认为，宇宙的直径可达到 930 亿光年，甚至可能更大。

本星系群

由于引力作用，宇宙中的星系聚集在一起，形成星系团，我们的银河系就属于一个叫作本星系群的小星系团。本星系群占据了一块半径为 300 多万光年的区域，其中包含约 40 个星系成员。处于中心位置的是两个质量最大的星系——银河系和仙女星系。据科学家推测，数十亿年后，这两个星系很有可能会合并在一起。最靠近银河系的两个星系是大小麦哲伦云，它们分别距离地球大约 16 万光年和 19 万光年。

地球和月球

月球是地球唯一的天然卫星，绕着地球运转。它是距离地球最近的天体，即使这样，它离我们也有 384 401 千米，乘坐宇宙飞船去往月球需要花费 3 天时间。月球比地球小得多，你需要准备 49 个月球，才能填满 1 个地球。如果你把地球放在跷跷板的一端，要想让这一端翘起来，你需要在另一端放上 81 个月球。

太阳系

太阳是太阳系的中心，八大行星都在各自的轨道上围绕太阳运行。从内到外的 4 颗固态行星分别是水星、金星、地球和火星。紧接着是小行星带，这里散落着无数形状不规则的小行星。小行星带再往外，是巨大的气态行星：木星、土星、天王星和海王星。旅行者 2 号探测器经历了 40 多年的太空飞行，才终于抵达太阳系的边缘。

银河系

太阳系所在的银河系呈旋涡状，其中包含超过 1000 亿颗恒星，还有大量的星团、星际气体和尘埃。从地球上看，夜空中的银河系就像一条银白色环带。银河系很大，其中银盘的跨度约为 8 万光年，太阳距离它的中心大约有 3 万光年。科学家估算出，银河系的质量约等于 1.4 万亿个太阳的质量。

宇宙的诞生

科学家认为，宇宙始于 138 亿年前的一次大爆炸。最初的宇宙是一个致密炽热的点，被称为奇点。爆炸之初，物质只能以中子、质子、电子、光子和中微子等基本粒子形态存在。然后宇宙不断膨胀，它的温度和密度随之下降。在不断冷却的过程中，原子核、原子、分子逐步形成，并复合成气体和尘埃。气体和尘埃逐渐凝聚成星云，星云进一步形成各种各样的恒星和星系，最终形成我们如今所看到的宇宙。

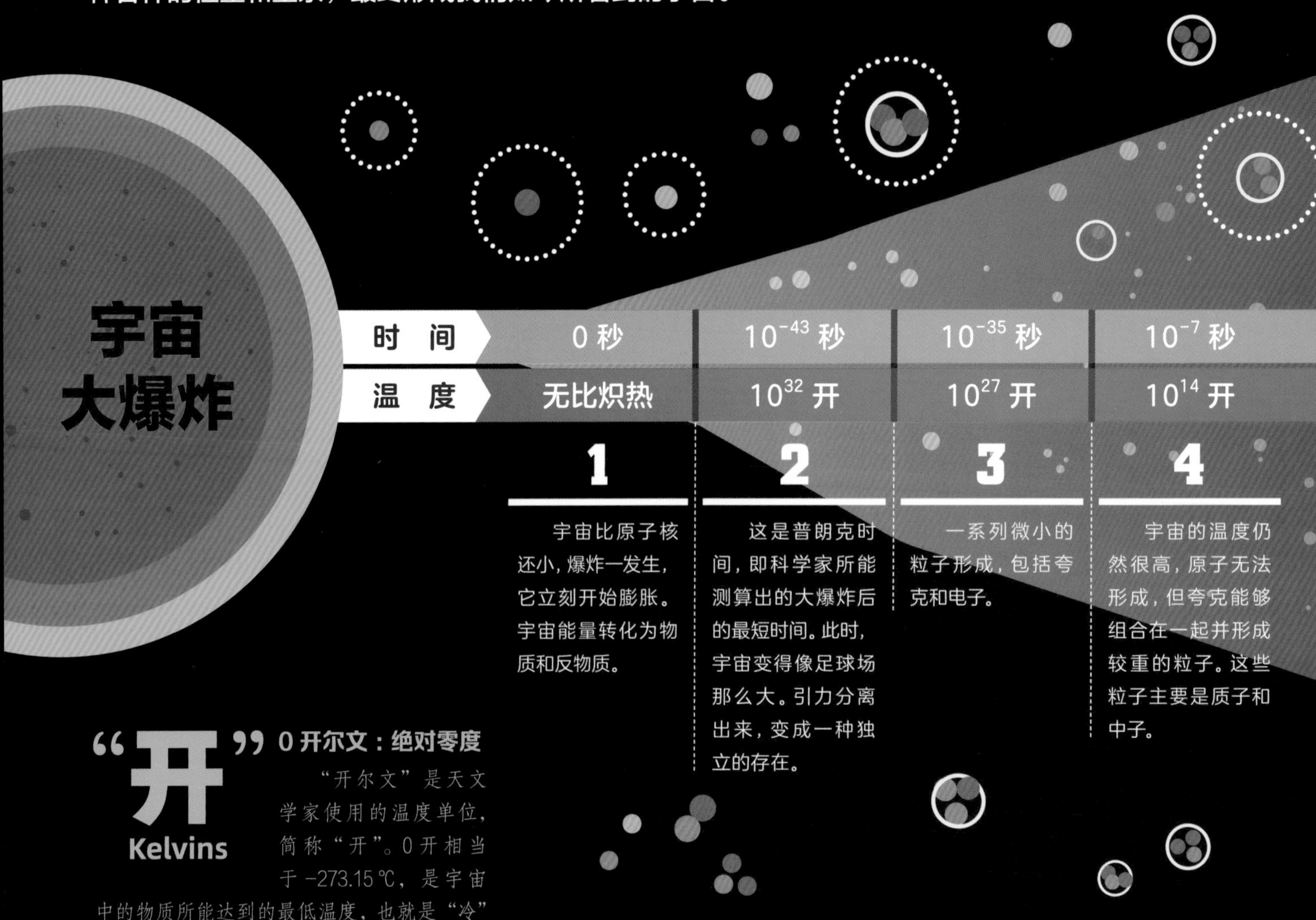

时 间	0 秒	10^{-43} 秒	10^{-35} 秒	10^{-7} 秒
温 度	无比炽热	10^{32} 开	10^{27} 开	10^{14} 开

1

宇宙比原子核还小，爆炸一发生，它立刻开始膨胀。宇宙能量转化为物质和反物质。

2

这是普朗克时间，即科学家所能测算出的大爆炸后的最短时间。此时，宇宙变得像足球场那么大。引力分离出来，变成一种独立的存在。

3

一系列微小的粒子形成，包括夸克和电子。

4

宇宙的温度仍然很高，原子无法形成，但夸克能够组合在一起并形成较重的粒子。这些粒子主要是质子和中子。

“开” Kelvins

0 开尔文：绝对零度

“开尔文”是天文学家使用的温度单位，简称“开”。0 开相当于 −273.15 ℃，是宇宙中的物质所能达到的最低温度，也就是“冷”的极限！

大爆炸重现！

在日内瓦的欧洲核子研究中心，物理学家试图利用大型强子对撞机（LHC），重现大爆炸后短时间内形成的那种不可思议的宇宙环境。

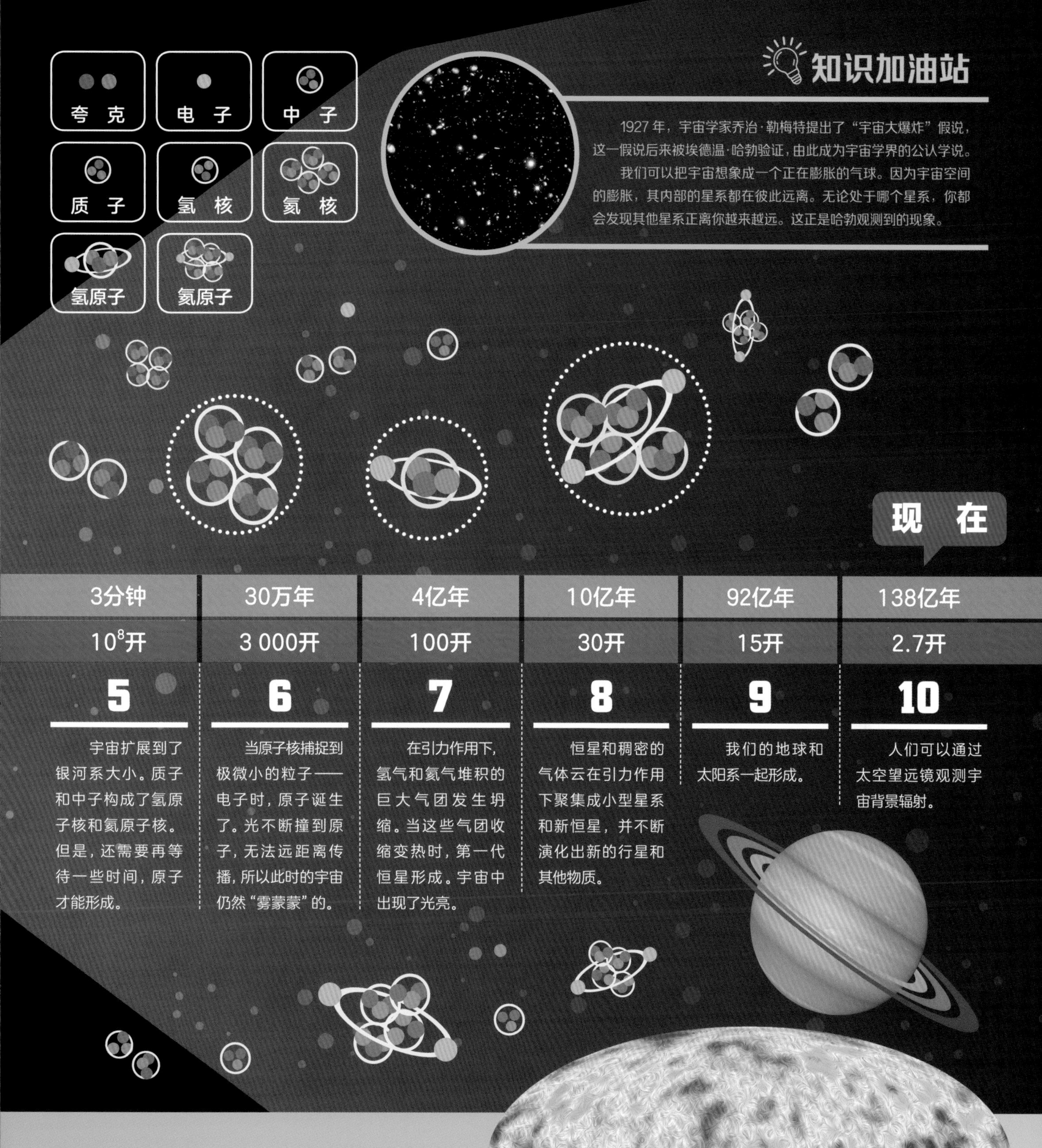

知识加油站

1927 年，宇宙学家乔治·勒梅特提出了“宇宙大爆炸”假说，这一假说后来被埃德温·哈勃验证，由此成为宇宙学界的公认学说。

我们可以把宇宙想象成一个正在膨胀的气球。因为宇宙空间的膨胀，其内部的星系都在彼此远离。无论处于哪个星系，你都会发现其他星系正离你越来越远。这正是哈勃观测到的现象。

3分钟	30万年	4亿年	10亿年	92亿年	138亿年
10^8开	3 000开	100开	30开	15开	2.7开
5	6	7	8	9	10
宇宙扩展到了银河系大小。质子和中子构成了氢原子核和氦原子核。但是，还需要再等待一些时间，原子才能形成。	当原子核捕捉到极微小的粒子——电子时，原子诞生了。光不断撞到原子，无法远距离传播，所以此时的宇宙仍然“雾蒙蒙”的。	在引力作用下，氢气和氦气堆积的巨大气团发生坍缩。当这些气团收缩变热时，第一代恒星形成。宇宙中出现了光亮。	恒星和稠密的气体云在引力作用下聚集成小型星系和新恒星，并不断演化出新的行星和其他物质。	我们的地球和太阳系一起形成。	人们可以通过太空望远镜观测宇宙背景辐射。

宇宙中最古老的光

宇宙背景辐射是“大爆炸”遗留下来的热辐射，它起源于宇宙诞生后大约 38 万年时，是宇宙中最古老的光。在温度低（图中蓝色部分）且恒星密集的地方，出现了第一个星系。

宇宙的组成

无论是石头、水还是气体，如果存在一种方式可以将它们无止境地切成小块，组成宇宙的物质究竟可以被切到多小呢？

最基本的粒子

经过几千年的思考和研究，人类终于发现，物质由某一种元素的原子组成。地球上的天然元素有 90 多种，每种元素的原子都拥有相似的结构：内部是原子核，外部是电子。原子核里包含着质子和中子，它们都是由上夸克和下夸克组成的。

所以，只要你有了上夸克、下夸克和电子，就能组成常规的物质。如何把夸克“粘”到一起呢？一种可以施加强力的基本粒子发挥着胶水的作用，它被科学家命名为胶子。

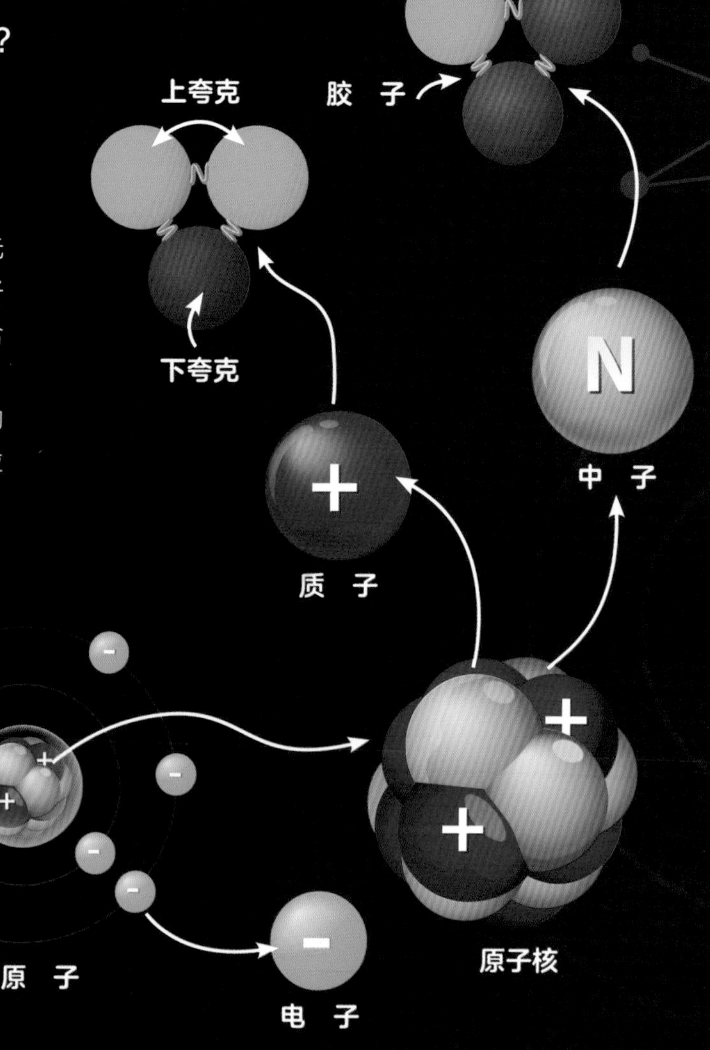

物　质

分　子

原　子

我们都是“星尘”

在宇宙诞生初期，几乎只有最轻的两种元素存在：氢和氦。其他元素大多是在恒星内部或者在恒星爆炸时形成的。也就是说，组成我们的星球和我们身体的所有元素，都来自宇宙，我们都是由“星尘”构成的。

知识加油站

“夸克”（quark）这个词是爱尔兰作家詹姆斯·乔伊斯创造的，它来自《芬尼根守灵夜》中的诗句“向麦克老人三呼夸克”。这个词后来被物理学家默里·盖尔 - 曼使用，用来命名比中子、质子更小的粒子。

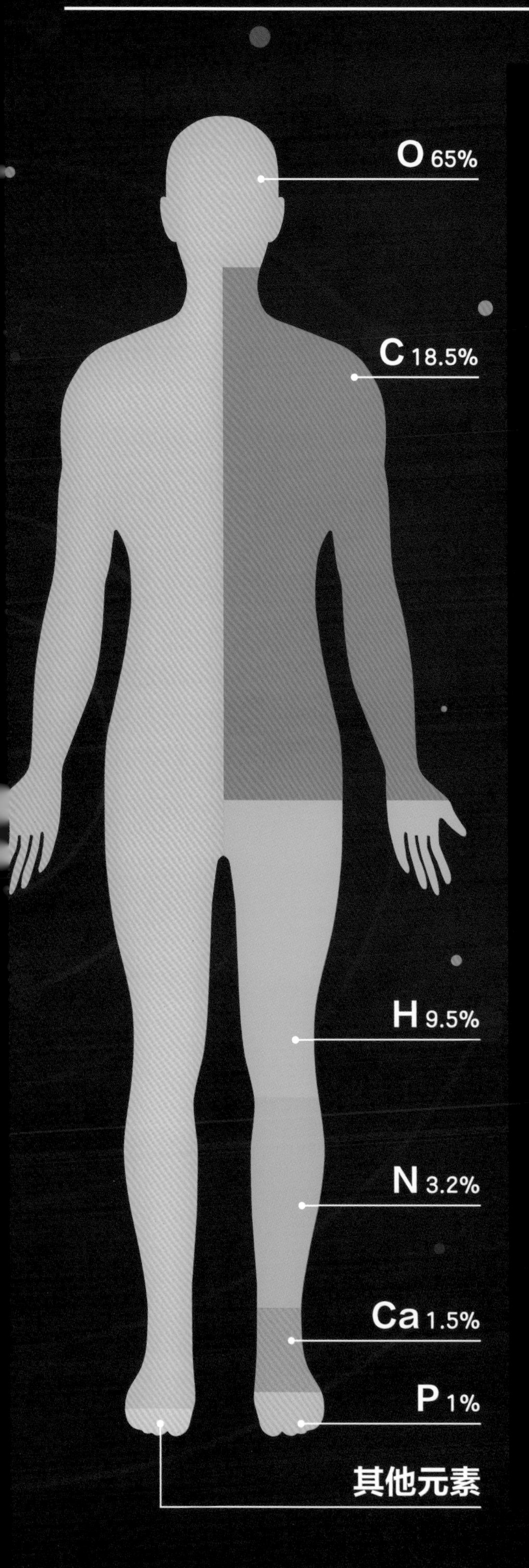

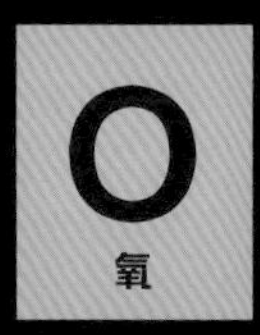

占体重的比例：65%

氧是组成生命的重要元素。宇宙中的氧比碳多，通常有碳的地方就有氧，多余的氧会和其他元素结合在一起。氧在恒星的核心中形成，随着恒星爆炸被释放出来。

占体重的比例：18.5%

碳在恒星的核心中形成，然后翻滚至恒星的表面，被释放到宇宙中。碳能和其他元素组合，形成各种分子，是地球生命的基础元素。因此，我们也被称为“碳基生命”。

占体重的比例：9.5%

氢是宇宙中最轻且最简单的元素，来自宇宙诞生初期，是我们身体里最古老的元素，几乎和宇宙一样老。

占体重的比例：3.2%

我们的身体里有各种各样的蛋白质。蛋白质是构成生命的基本分子，可以说是生命活动的承载者。在蛋白质合成的过程中，氮扮演着非常重要的角色。

占体重的比例：1.5%

钙组成了我们的骨头和牙齿，它在恒星核聚变的过程中产生。

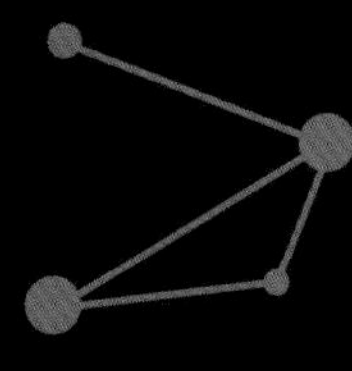

占体重的比例：1%

磷存在于我们的骨骼、牙齿和细胞内液中，能保证细胞的能量供给，维持身体的正常运转。它在恒星内部形成。

其他常量元素 占体重的比例：>0.01%

钾（K）、镁（Mg）、硫（S）、钠（Na）和氯（Cl）也是人体内的常量元素，和磷等其他元素组成糖类、蛋白质、脂肪、维生素等物质。它们也是在恒星内部“孕育”而成的。

微量元素 占体重的比例：<0.01%

人类生存所必需的微量元素，比如铁（Fe）、碘（I）、锌（Zn）和硒（Se），很多都是伴随着超新星爆发被释放出来的。

人类的宇宙认识史

前 2300 年

英国的巨石阵被认为是一个巨大的石头天文日历。

前 15—前 12 世纪

印度史诗《梨俱吠陀》中提出：宇宙是一个周期循环的“宇宙蛋”，它从一个点出发，向外膨胀，然后收缩。

前 6 世纪

数学家毕达哥拉斯提出了“大地是球体”，但他并没有证据证明这件事。

直到 2 000 多年后的 16 世纪，麦哲伦船队完成了人类第一次环球旅行，才有力地证明了地球是一个球形。

前 5 世纪

古希腊哲学家阿那克萨哥拉认为，宇宙是由无数细微物质构成的，这无数的细微物质造就了我们所看到的世界。

前 4 世纪

古希腊的欧多克斯和亚里士多德提出：地球是宇宙的中心，太阳绕着地球转动。

前 4—前 3 世纪

古希腊天文学家阿里斯塔克第一次提出，地球绕着太阳运行。大约 1 800 年后，这种说法才得到人们的认同。

前 240 年

中国古人观测到“彗星先出东方，见北方，五月见西方”。这段关于哈雷彗星的文字后来被记录在《史记·秦始皇本纪》中。

《巴约挂毯》创作于 11 世纪，呈现了 1066 年时彗星划过天际的一幕。

前 1 世纪

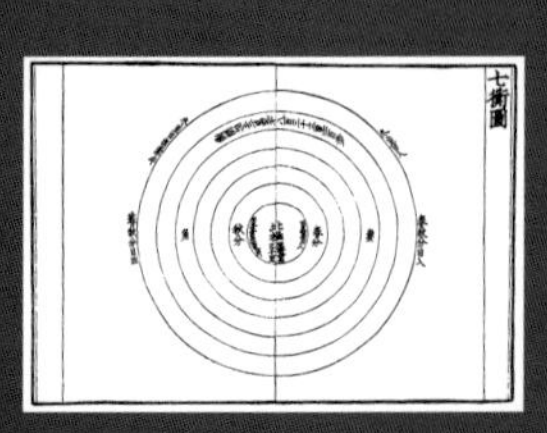

中国的《周髀算经》中阐述了“盖天说”，认为天空如斗笠，大地像翻扣的盘子。书中还绘制了描述太阳周年运动的七衡图。

1 世纪

东汉学者张衡提出了“浑天说”。在他看来，天就像一个圆圆的蛋，地球如同蛋黄一样，浮在蛋的中央，不停地转动着。

1609 年

伽利略发明了第一台天文望远镜，用于观察天体。他的发现有力证明了太阳处于太阳系的中心位置。

牛顿提出万有引力定律，后来他将研究天体的运动建立在力学理论的基础上，从而创立了天体力学。

埃德温·哈勃宣布，他发现了我们银河系以外的星系。

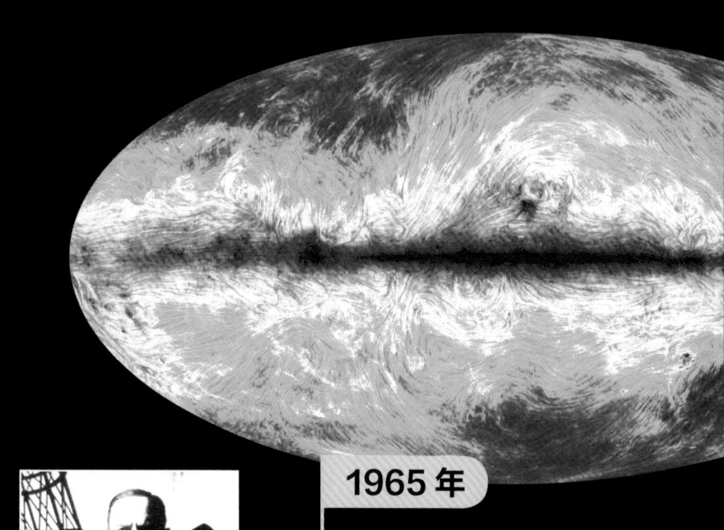

1965 年

天文学家阿诺·彭齐亚斯和罗伯特·威尔逊意外发现了宇宙背景辐射，它是宇宙中最古老的光。

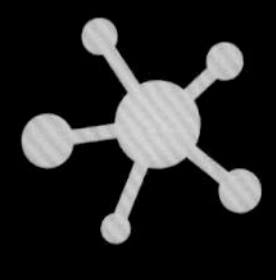

哥白尼发表《天体运行论》，提出“日心说”。该学说认为宇宙的中心是太阳，而不是地球。

1543 年

开普勒提出，行星绕太阳旋转的轨道是椭圆形的，而不是正圆形。在这之前，他还绘制了多面体宇宙模型。

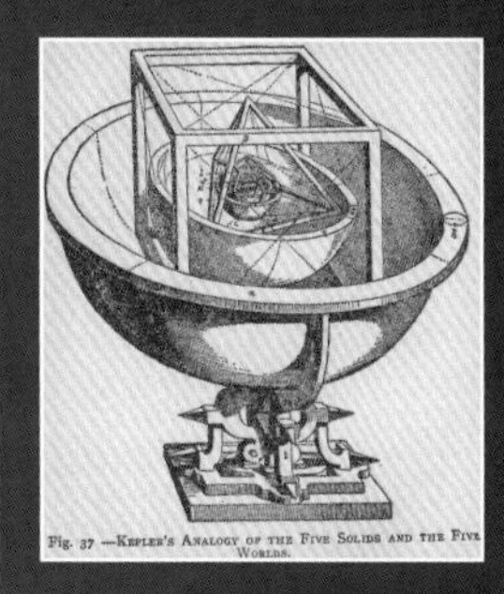

1609 年

爱因斯坦发表了广义相对论，他认为时空弯曲导致了引力的产生。

1916 年

乔治·勒梅特提出“宇宙大爆炸”假说，认为宇宙起源于一个“点”。

1927 年

人类首次“看到”黑洞真容。

2019 年

奇妙的时间与空间

我们常常认为，时间流逝的速度对所有人来说都是一样的，空间的形状也永远不会发生变化。你知道吗？实际上，时间和空间并不是绝对的，它们也会变化，只不过，我们在日常生活中很难感受得到。

伸缩的时空

如果我们准备两个完全相同的精密时钟，一个放到正在高速飞行的飞机上，一个放在地面上。过一段时间后，我们会发现飞机上的钟走慢了。如果你坐在高速飞行的飞机上，你会发现窗外的环境也产生了收缩。这是因为，速度会改变时间和空间。当进行高速运动时，你感受到的时间会变慢，看到的长度也会变短。这其实就是爱因斯坦提出的狭义相对论的主张。

不过，在我们目前能够实现的速度下，这样的变化极其微小，人是感受不到的，只有借助科学仪器的测量才能证明。

2016 年 2 月 11 日，利用引力波探测器，科学家宣布首次探测到了来自双黑洞合并的引力波信号，“看到”了时空弯曲产生的涟漪，从而证实了爱因斯坦的时空理论。

神奇的万有引力

每当你跳起来时，你会不会产生一个疑问：为什么自己不会飘向太空，而是落回地面？答案是，这和引力有关。引力不仅能让你落到地上，还能让月球环绕着地球运动，也让地球沿着固定的轨道环绕太阳运行。

300 多年前，英国科学家艾萨克·牛顿告诉人们，天上的星星并不神圣，它们和地上的人一样，都受到力的支配。宇宙中的所有物体都在相互吸引，物体的质量和彼此间的距离决定了吸引力的大小。你和你的同桌也在相互吸引着，但你们的质量实在太小了，所以你完全察觉不到吸引力的存在。

牛顿的大炮实验

1 如果在一座高山上架起一门大炮，大炮发射出的炮弹会同时向前和向下运动。

2 大炮的威力越大，炮弹落地的距离就越远。

3 如果大炮的威力足够大，能让炮弹的射出速度快到不会落地，那么炮弹就会一直绕着地球旋转。

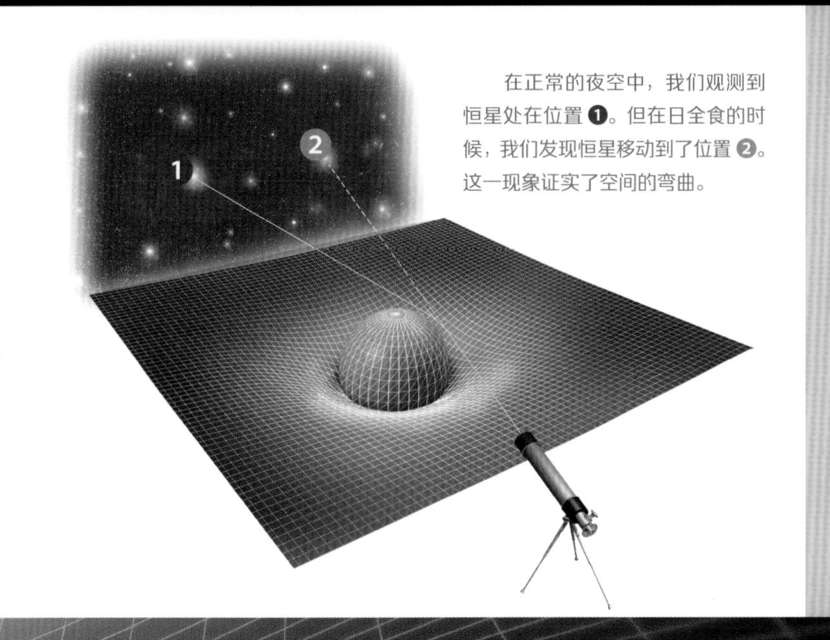

在正常的夜空中，我们观测到恒星处在位置❶。但在日全食的时候，我们发现恒星移动到了位置❷。这一现象证实了空间的弯曲。

弯曲的时空

爱因斯坦认为，质量会扭曲时空，就像把一颗铁球丢到一块平整展开的橡胶布上，橡胶布立刻发生凹陷。一个大质量天体也会让周围的时空产生凹陷，如果另一个质量较小的天体接近它，这个小天体就会被吸引，沿着弯曲的表面向大天体靠近。引力就是这样产生的。他还预测，当两个天体相互绕行时，它们会在太空中“荡起”一圈圈涟漪，就像石头扔进池塘时泛起的水波。科学家将这种波称为引力波。

大质量天体会较大程度地扭曲周围的时空，所引起的空间曲率变化使得行星及其卫星保持在它们各自的运行轨道上。

时间的箭矢

我们通常把时间看作三维空间之外的第四个维度。然而，仔细想一想，时间和空间的维度并不是一回事：我们可以在空间里来回行走，却无法在时间里前后穿行。“逝者如斯夫，不舍昼夜。”时间就像射出去的箭一样，只能向前，一去便不复返。

著名的质能关系式

$$E=mc^2$$

E：总能量；m：物体的质量；c：真空中的光速

1克质量的物体可以转化成90万亿焦耳的能量，相当于2 500万千瓦·时的电量。

太阳中心处无时无刻不在发生骇人的聚变反应。每秒有将近5.5亿吨的氢原子变成氦原子。在这个过程中，超过400万吨的物质被转化为能量，其中有一部分能量到达地球，给我们带来了光明和温暖。

用望远镜观测宇宙

在人类得以摆脱地球引力、进入宇宙之前，传统的光学望远镜一直都是科学家研究宇宙的首选工具。它能收集和汇聚远方天体发出的光，将宇宙的图景更加清晰地呈现在我们面前。

世界上最大的单口径射电望远镜是位于中国贵州的500米口径球面射电望远镜（简称FAST）。

它同时也是世界上灵敏度最高的射电望远镜，进一步拓宽了人们观测宇宙空间的视野，被誉为“中国天眼”。2020年1月11日，“天眼”正式开放运行。

望远镜的发明

古希腊人早就发现，表面弯曲且透明的物体（凸透镜）具有聚焦和放大作用。13世纪时，人们学会了利用凸透镜制造简易放大镜，以矫正视力。17世纪初，一位荷兰眼镜制造商将凸透镜和凹透镜组合起来，无意中发明了简单的小型折射望远镜。意大利科学家伽利略在此基础上进行改进，将望远镜的放大倍数提高了20多倍，并用它观测天空。他第一次看到月球的真容，发现了木星的4颗卫星，观测到金星的盈亏。这些发现推动了哥白尼“日心说”宇宙理论的确立，轰动了整个欧洲。目前，世界上口径最大的折射望远镜是叶凯士望远镜。

伽利略望远镜存在一个缺点，那就是会在明亮物体周围产生“假色”。当光束进入物镜并被折射时，各种色光的折射程度不同，因此成像的焦点也不同，导致成像模糊。

现代望远镜

1668年，牛顿发明了反射望远镜。这种结构的望远镜更短，口径更大，可以收集的光更多，于是获得的图像也更清晰。进入20世纪，为了满足天文学家研究的需要，各国建造了专门用于天象观测的天文台，配备的望远镜越来越大，观测的范围也从可见光拓展到了不可见光。为了获得清晰的图像，大多数天文台都选址在远离城市光污染和空气污染的高海拔地区，以最大限度地减少环境对观测的影响。

现在，最大的反射望远镜是加那利大型望远镜。这种望远镜使用的反射镜面不再是单独一块，而是由许多独立镜面拼接而成，这样不仅能够降低制造难度，还便于获得更清晰的图像。用于拼接的镜面通常是六边形的，每一块都可以被单独控制。

因为主镜和副镜的角度会因为运输和操作时的震动而偏移，所以在每次使用牛顿的反射望远镜前，人们都需要花时间校准。

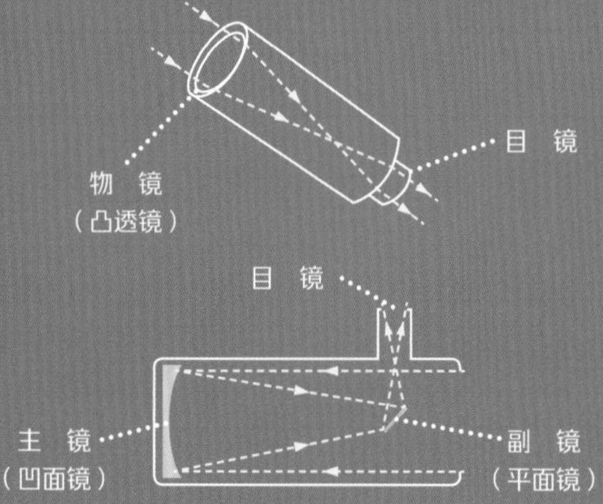

折射望远镜

折射望远镜利用光的折射原理。光来自我们所观察的物体，它通过望远镜的物镜后，集中于一个焦点上，然后再向目镜射去，重新产生影像。

反射望远镜

反射望远镜的原理是使用凹面镜，将射入的光反射到平面镜上，再反射至目镜。相比于使用凸透镜的折射望远镜，它能将放大倍数提高数倍。

望远镜口径大比拼

叶凯士望远镜
（1897年）
美国威廉斯贝
口径：1.02米

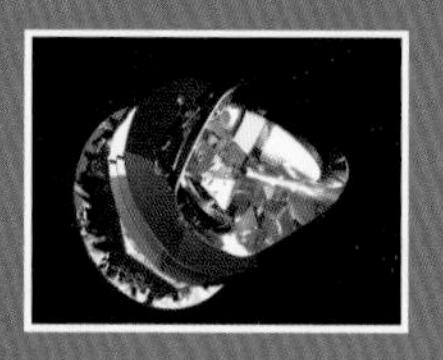

普朗克空间望远镜
（2009年）
距离地面约150万千米的太空
口径：1.5米

哈勃空间望远镜
（1990年）
距离地面约575千米的太空
口径：2.4米

郭守敬望远镜
（2009年）
中国河北省兴隆县
口径：4米

海尔望远镜
（1948年）
美国帕洛马山
口径：5米

加那利大型望远镜
（2008年）
西班牙拉帕尔马岛
口径：10.4米

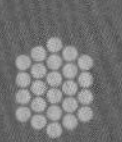

欧洲极大望远镜
（在建）
智利阿马索内斯山
口径：39.3米

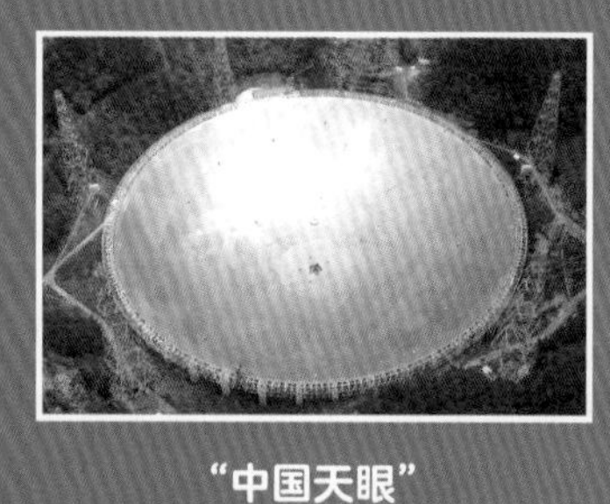

“中国天眼”
（2020年）
中国贵州省平塘县
口径：500米

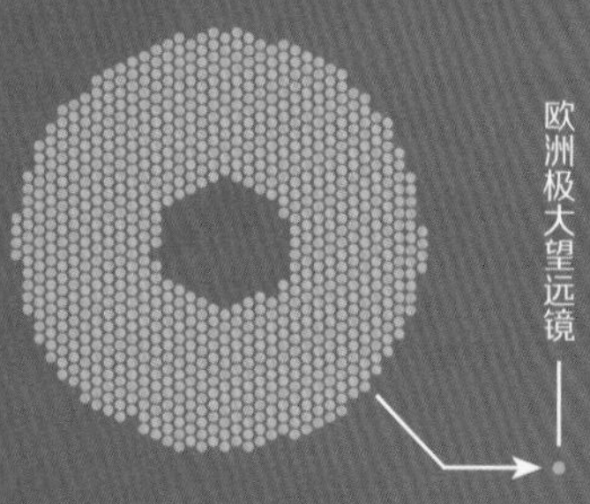

射电望远镜

在天文学家看来，需要被收集并研究的不仅是眼睛可以看到的可见光，天体还会发射出我们眼睛看不到的电磁辐射。除了光学望远镜之外，用来探测、收集这些电磁辐射的机器也被称作望远镜，其中就包括射电望远镜、红外望远镜、X 射线探测器和伽马射线探测器等。

空间望远镜

地球的大气层就像一层厚厚的毯子，一些电磁辐射波段无法抵达地球的表面。要想观测它们，人们必须将望远镜放到太空中去。此外，在太空中，因为没有了大气层的干扰，光学望远镜也能“看”得更清楚。历史上许多震撼人心的宇宙影像都是由空间望远镜拍摄的。

射电望远镜的结构

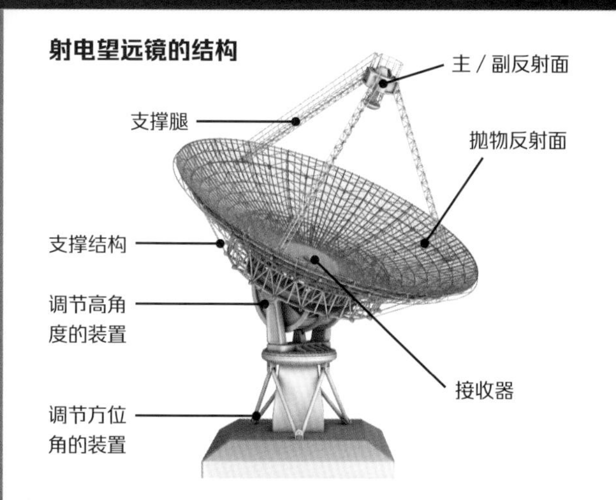

看见“看不见的光”

我们肉眼可以看到的光只是电磁波的一小部分。地球的大气层就像一块厚厚的毯子，吸收或散射来自宇宙的辐射，只对一部分电磁波“放行”，让它们到达地球。宇宙中的天体会发出可见光波段之外的辐射，为了获得更完整的关于宇宙的图像，人们就要派可以捕捉不可见光的望远镜出场了。

	伽马射线	X 射线	紫外线
电磁波波长	小于 0.1 纳米	0.006 纳米 ~ 2 纳米	40 纳米 ~ 390 纳米
	太空中的伽马射线由恒星核心处的聚变反应产生，能量极高。1967 年，人造卫星“维拉斯”首次观测到了伽马射线。在生活中，它被用于癌症治疗、矿藏勘探等。	这就是我们熟知的“X 光”，常用于医疗和诊断。科学家惊奇地发现，月亮上也有微弱的 X 射线。他们推测，这是由来自太阳的高能电子撞击月球表面而产生的。	夏天，我们很容易被晒黑，这是人眼看不见的紫外线在捣蛋。紫外线可以用来杀菌消毒。蜜蜂在找寻花蜜、为花朵传粉的时候，也需要借助紫外线。

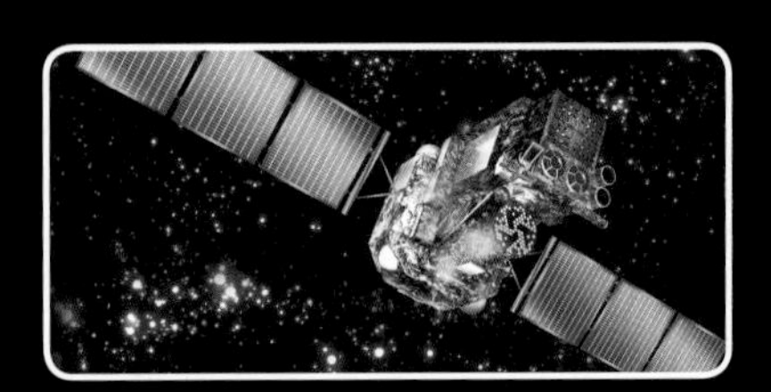

国际伽马射线天体物理学实验室

它是全球第一个可在 X 射线、伽马射线和可见光波段，对宇宙天体进行多波段联合观测的卫星，可以探测伽马射线暴引发的剧烈爆炸、超新星爆炸和黑洞。

钱德拉 X 射线天文台

它是一颗 1999 年发射的天文卫星。在银河系附近的星暴星系 M82 中，它发现了一个中等质量的黑洞，其质量大约是太阳的 5 倍。

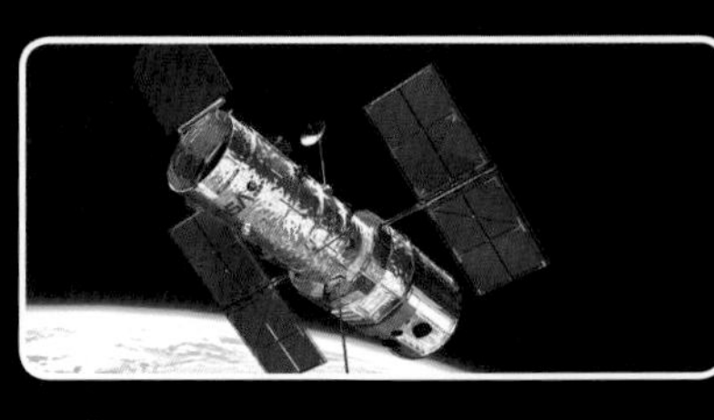

哈勃空间望远镜

它于 1990 年升入太空，用于探测红外线、可见光和紫外线等。它不仅拍下多幅经典的太空景象，还帮助科学家确定了宇宙的年龄，并发现暗物质存在的迹象。

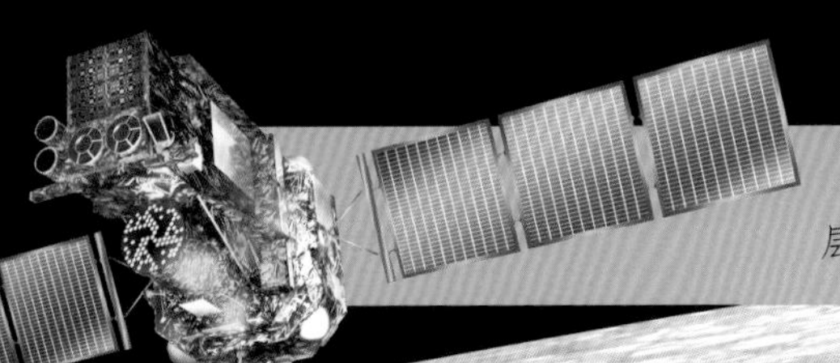

X 射线、伽马射线，以及大部分的紫外线和红外线都无法通过大气层到达地球。科学家需要先把望远镜发射到太空中，然后进行观测。

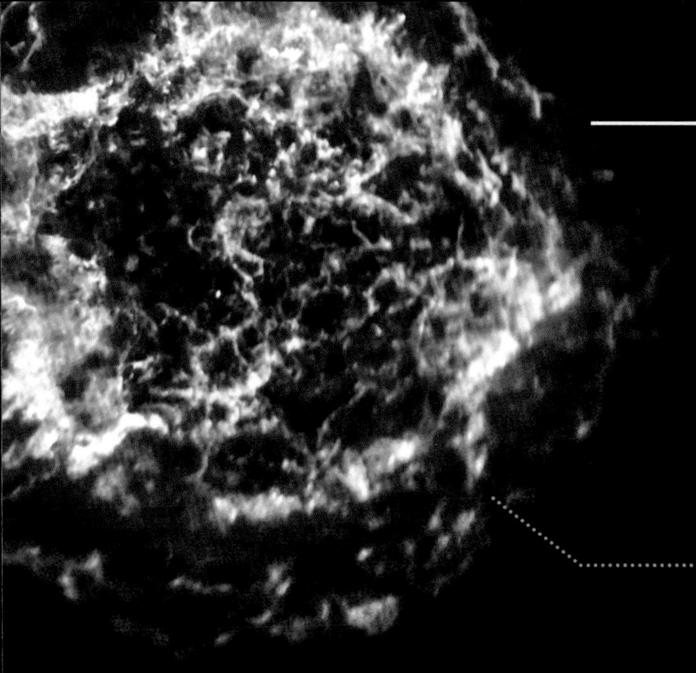

既然肉眼看不到，望远镜看到了什么？

天文学家收集到的无线电波和X射线都是我们无法用眼睛看到的，那么要如何显示这些不可见的信息呢？聪明的天文学家用不同的颜色标记不同波长的电磁波，然后用计算机生成“假的”彩色图像。

这幅仙后座A超新星遗迹的图片，是用哈勃空间望远镜（黄色）、斯必泽空间望远镜（红色）和钱德拉X射线天文台（绿色和蓝色）分别拍摄的图像合成的。

可见光

390 纳米 ~ 770 纳米

在所有电磁波中，我们肉眼可以感知到的部分是可见光。可见光并不是单一的白光，它是由多种颜色构成的，我们所看到的物体颜色就是物体反射的光的颜色。

红外线

770 纳米 ~ 1 毫米

大部分红外线都会被大气层吸收，有些也可以在高山上被探测到，但最好的探测地点还是太空。红外线不仅在医疗、工业中被使用，天文学家还利用红外线，透过尘埃，去观察银河系。

微　波

1 毫米 ~ 1 米

微波具有很好的穿透性，通过与介质（比如水、食物）亲密接触，微波可以让介质的分子互相摩擦，从而实现加热功能。这就是微波炉的工作原理。微波是一种波长较短的无线电波。

无线电波

0.1 毫米 ~ 10 万千米

无线电技术是利用无线电波传输和接收信号的技术，可以用于广播、卫星通信等，也可以用于近距离的通信。人们使用无线电对讲机通话前，需要先将各自的对讲机调到同样的频段。

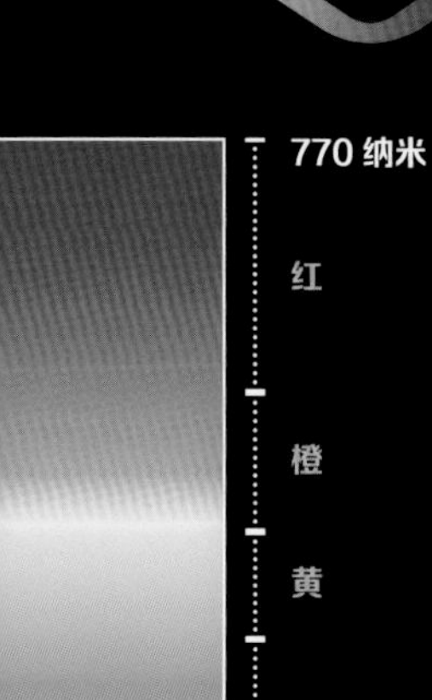

英国红外望远镜

这台望远镜位于美国夏威夷岛海拔 4 194 米的地方，口径为 3.8 米，是现今世界上口径最大的红外望远镜。科学家利用它发现，迄今温度最低的一颗褐矮星就潜伏在太阳系外部。

威尔金森微波各向异性探测器

这是一颗人造卫星，目的是探测宇宙大爆炸后残留的辐射热，也就是宇宙背景辐射。由此，科学家间接证明了暗能量的存在。

射电望远镜

射电望远镜可以接收到宇宙天体所发射的无线电波信号，并将它们转化成人类可见的图像，从而帮助科学家研究天体的物理和化学性质。

探索太空

早在 970 年，中国就发明了最原始的火箭。早期的火箭以火药作为动力，最初只是被当作爆竹，后来也被用作武器。第二次世界大战期间，德国科学家研制出了用火箭发动机发射推进的弹道导弹。战争结束后，人们利用火箭发动机把人造地球卫星、载人飞船、行星和行星际探测器等送入预定轨道，让它们去探索神秘的宇宙空间。

现代火箭的工作原理是什么？

在射击运动中，当步枪打出子弹时，射击手会感受到一股后坐力。你吹鼓气球后，如果突然松开捏着气球口的手，气球就会“嗖”的一下飞出去。这些现象解释了火箭的工作原理。火箭的燃料（推进剂）燃烧时会释放出巨大的能量，向后方喷出高温气体。高温气体反推火箭，火箭由此获得了一飞冲天的动力。

航天飞机轨道器的构造

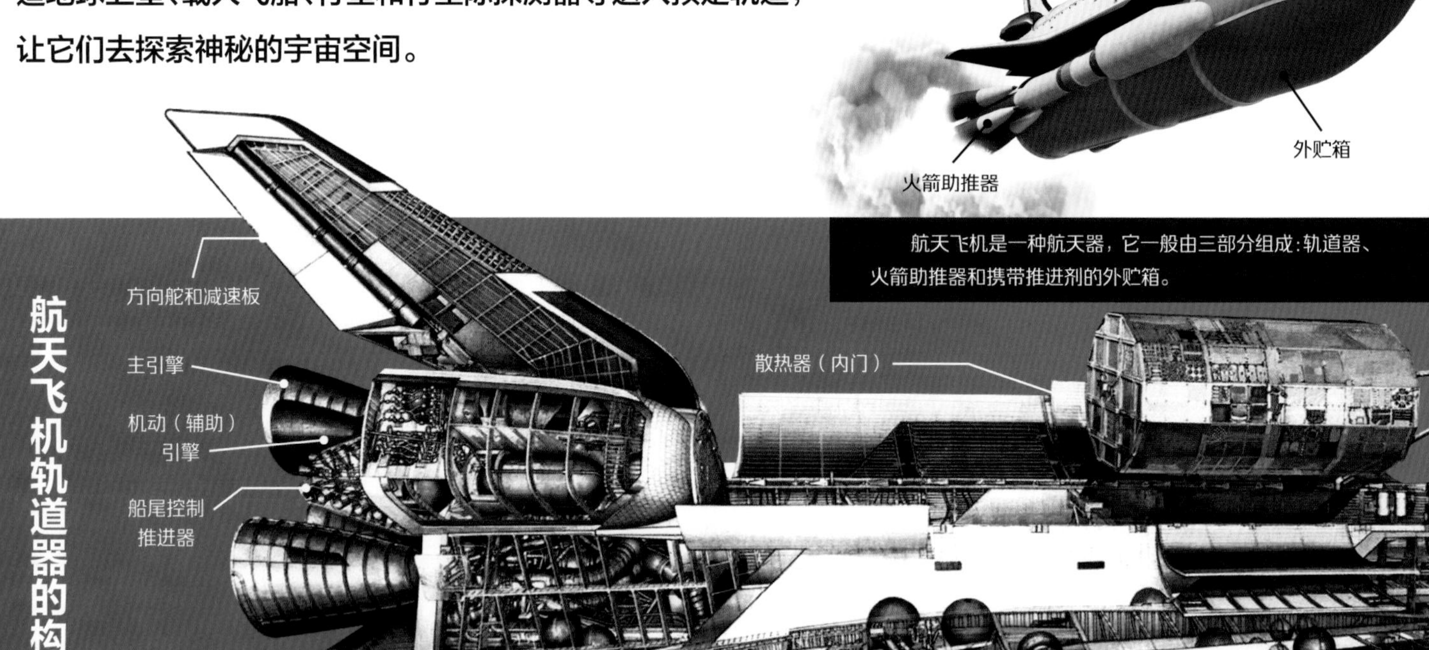

航天飞机是一种航天器，它一般由三部分组成：轨道器、火箭助推器和携带推进剂的外贮箱。

挣脱引力进入太空

航天器在太空中的运动方式主要有两种。一种是环绕地球，沿着轨道运行；另一种是飞离地球，然后在行星际空间航行。要想克服地球引力，在空间运行，航天器必须获得足够大的初始速度。

- 环绕地球运行：第一宇宙速度（7.9 千米 / 秒）
- 脱离地球进入行星际航行：第二宇宙速度（11.2 千米 / 秒）
- 飞出太阳系：第三宇宙速度（16.7 千米 / 秒）

航天国家

在人类登陆月球之前，美国、苏联都发射了许多探测器到月球、金星和火星。1969年，美国的阿波罗11号宇宙飞船成功将人类送上月球，将人类对太阳系的探测推向了高峰。此后，世界各国都陆续迈出了探索太空的脚步。2018年，嫦娥4号探测器登陆月球，并对月球背面的南极－艾特肯盆地开展巡视探测。

空间探测器

空间探测器和我们发射的卫星很像，但它不会绕着地球飞行，而是被用来探索地球之外的宇宙空间。探测器可以造访月球，也可以抵达太阳系里的其他天体，更可以飞出太阳系，访问遥远的系外空间。

❶ 着陆器

对于有大气层的天体，着陆器需要先穿越大气层。因此，着陆器需要配备降落伞来减速，以实现软着陆，从而保证探测器在天体表面正常工作。

❷ 巡视器

利用着陆器到达行星表面后，巡视器能够自动驾驶，搜集信息并取样。航天局的科学家通过无线电波接收数据和照片，并发送新的指令。在巡视器能量衰竭之后，它的任务便宣告结束。

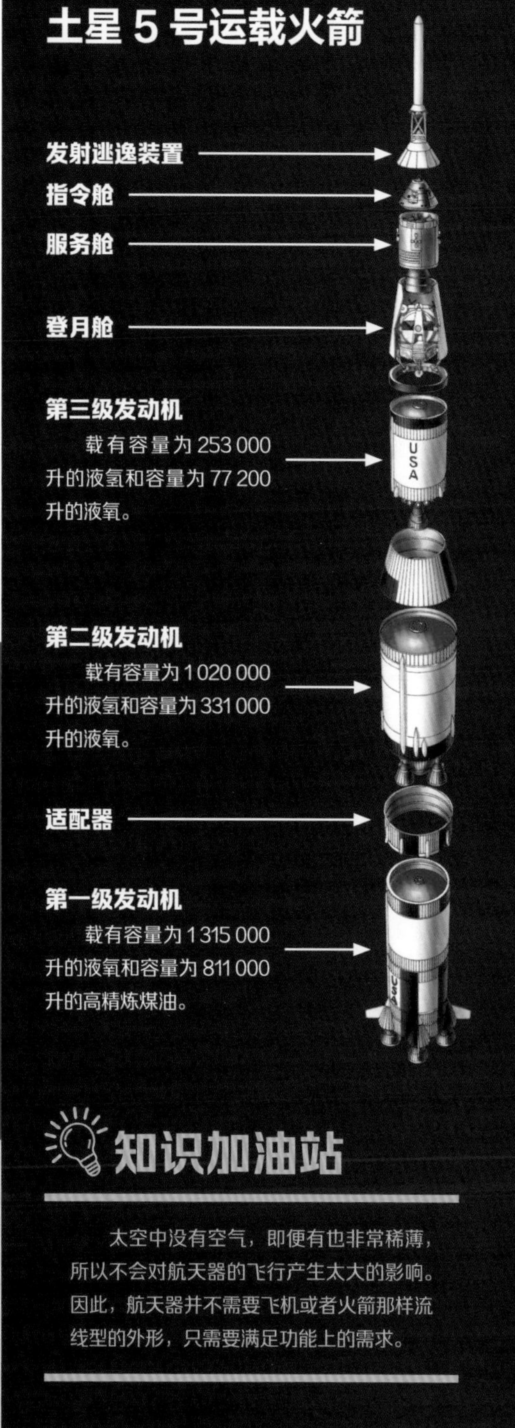

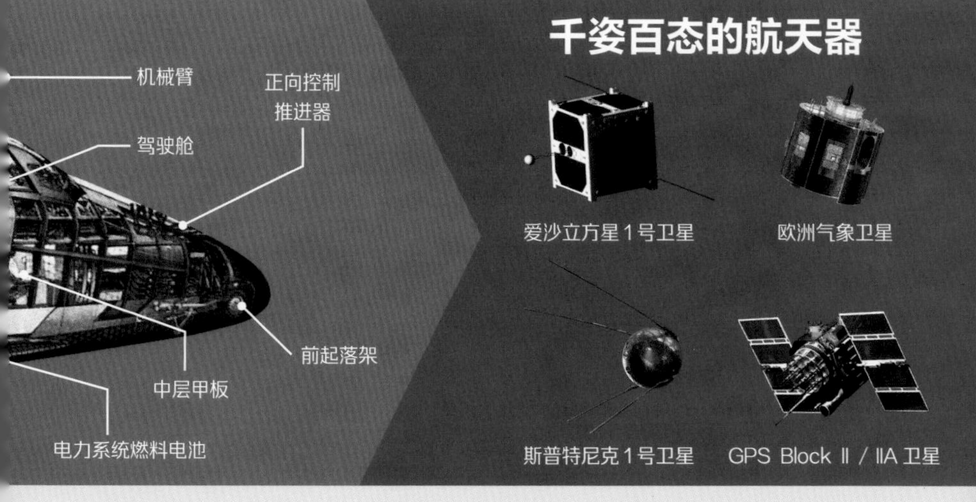

阿波罗 16 号

1972 年，阿波罗 16 号宇宙飞船顺利完成了人类历史上的第 5 次登月任务。左图的登月舱是它登陆月球的部分。

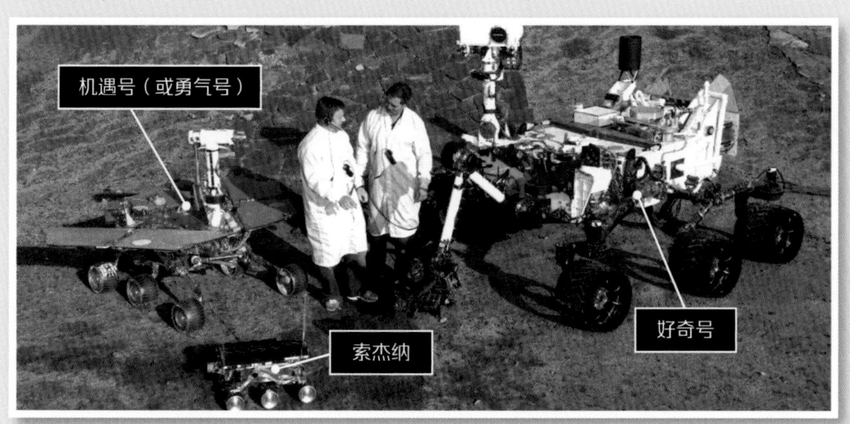

知识加油站

太空中没有空气，即便有也非常稀薄，所以不会对航天器的飞行产生太大的影响。因此，航天器并不需要飞机或者火箭那样流线型的外形，只需要满足功能上的需求。

目前，我们尚不具备将人类送上火星的能力。如果将一个小组的人员送上火星，至少需要发射包括飞船、装备、食物和水在内的 45 吨物体，成本大大增加。使用巡视器的话，科学家既不需要考虑复杂的生命保障系统，也不用担心返回的问题。

小小观星员

在晴天的夜晚，夜空中闪烁着星星。如果在山区，不借助任何工具，我们仰望明朗无月的夜空，就可以看到 2 000 多颗星星。但在光污染和空气污染严重的城市里，我们夜晚能观察到的天文现象就少了很多。尽管如此，美丽神秘的夜空依然令我们向往。

裸眼观星

观星一点都不难，你只需要走到户外，仰望头顶上的天空。最重要的观测“仪器”是我们的眼睛。你可以选择比较容易观察的天体，比如月球和北极星。通过对月球的持续观察，我们可以发现它的阴晴圆缺变化，从而加深关于天体运动的认识。

观测时最好避开有光污染的城市街道。乡间或者郊外公园都是很好的选择。让你的眼睛在黑暗中适应十几分钟，避免看闪烁的车灯、明亮的屏幕等。眼睛会自动调整，以适应黑暗环境。然后，你就能更加顺利地“捕捉”到夜空中的星光。

夜空中可以看到什么?

星　座

除了太阳，其他恒星都距离我们十分遥远，我们几乎无法察觉它们之间的相对运动。因此，在我们看来，夜空中的恒星都固定在某个位置。为了方便辨识，人们按照恒星的自然分布，将它们划分成若干区域，并称其为星座。用线条连接同一星座内明亮的星星，就形成了各种图形。生活在北半球的我们可以看到大部分星座，还有少部分星座只能在南半球被看到。

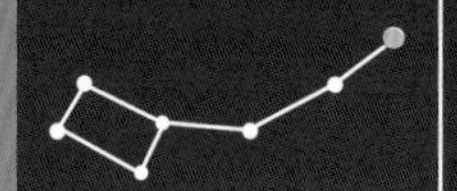

北极星

全年夜晚可见

生活在北半球的我们可以先从观察北极星开始。北极星几乎就在北极的正上方，一年四季都能被看到。它是小熊座中最亮的一颗恒星，正好位于大熊座北斗七星“勺口”那两颗星的延长线上。面向北极星，你的前方是北方，背后是南方，右手边是东方，左手边是西方。

金　星

清晨或傍晚可见

除了太阳和月球，金星是我们能看到的最亮的天体，通常出现在清晨或傍晚，因此古人又把它叫作启明星或长庚星。用小型望远镜观测金星时，你会发现它的边缘模糊，这是因为金星表面覆盖着非常厚的大气层。

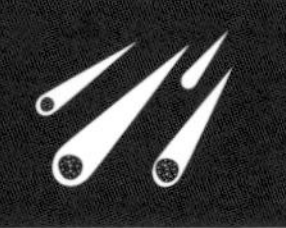

英仙座流星雨

8 月中旬夜晚可见

英仙座流星群是以英仙座 γ 星附近为辐射点出现的流星体，当它闯入地球大气层时，与大气摩擦，迸发出焰火，形成仿佛下雨一般的流星雨。英仙座流星雨在每年固定时间出现，是最常被观测到的流星雨。

你需要什么工具？

指南针

在使用星图观察星空之前，我们必须知道具体的方向。在指南针上，N表示“北”，S表示“南”，E表示“东”，W表示“西”。待指针停止摆动后，指针所指的方向就是正北方。

旋转星座图

旋转星座图是识别星座和恒星的入门工具。转动圆盘，选择月份和日期，你就能看到此刻夜空中星星的位置。我们也可以使用电脑和手机查看星图，借助软件甚至将手机摄像头对准夜空就可以识别星座。

红光手电筒

在查看星图或者其他资料时，如果你需要使用手电筒照明，可以在手电筒上蒙1～2层红色玻璃纸，或者使用红色的滤镜。因为红光对人眼的刺激比较小，在使用手电筒后，我们还可以继续清晰地观察美丽的星空。

双筒望远镜

在晴朗的夜空，我们可以看到数千颗恒星，但还有许多肉眼无法分辨的天体，例如一些星团、星云，以及刚出现的彗星。对于入门观星者来说，一个构造简单、便于携带的双筒望远镜可以大大扩展视野，让你惊讶地发现更多有趣的景象。

你需要注意什么？

1 郊区昼夜温差大，夜晚通常比白天寒冷得多，尤其是在冬天。记得携带保暖的衣服和可以快速补充体力的食物。

2 查看星图或查找资料时，务必使用红光。若使用普通颜色的灯光，你的眼睛将需要更长时间去重新适应黑暗。

3 直视太阳会对眼睛造成伤害，白天使用望远镜时要格外注意，不要进行危险的尝试。

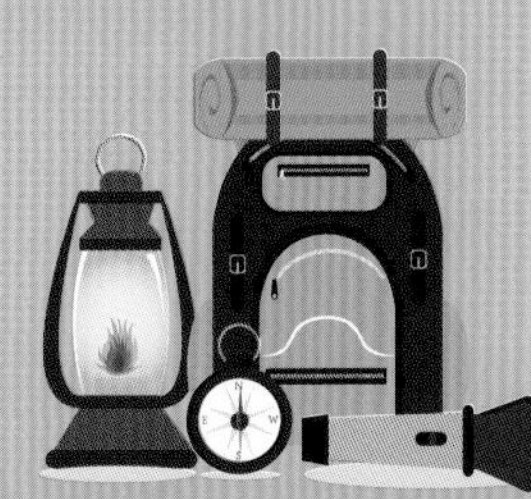

知识加油站

通常，双筒望远镜上会标明放大倍数和物镜尺寸。普通天文爱好者常用“10×50”规格的望远镜，它的放大倍数为10倍，物镜尺寸为50毫米。由于观测者需要一直手持双筒望远镜，小朋友可以选择尺寸小一些的型号。双筒望远镜合适的放大倍数为7～10倍。放大倍数越高，视角越小，看到的景象也越容易晃动。这样既不利于寻找天体，也不利于长时间观测。

太阳系：我们的家园

太阳系是我们在宇宙中栖身的地方。它是由太阳、八大行星、至少 180 颗卫星、5 颗矮行星以及众多的小行星、彗星、流星体和行星际物质组成的。它诞生于 46 亿年前的一团巨大云团中。云团收缩、聚集，在最稠密炽热的中心处形成了太阳。然后经由吸积作用，各种各样的行星由太阳星云中剩余的气体和尘埃形成。

为什么会有小行星带?

人们曾经猜测小行星带所在的位置有一个行星，后来被撞成了碎片。但是最大的 4 颗小行星——灶神星、智神星、婚神星和谷神星就占据了小行星带近一半的质量，除了它们之外还有数十万颗小行星，整个小行星带太散碎了！这些小行星的组成成分千差万别，它们几乎不可能都来自同一个行星。科学家推测，它们更可能是太阳系形成过程中遗留下来的碎片。

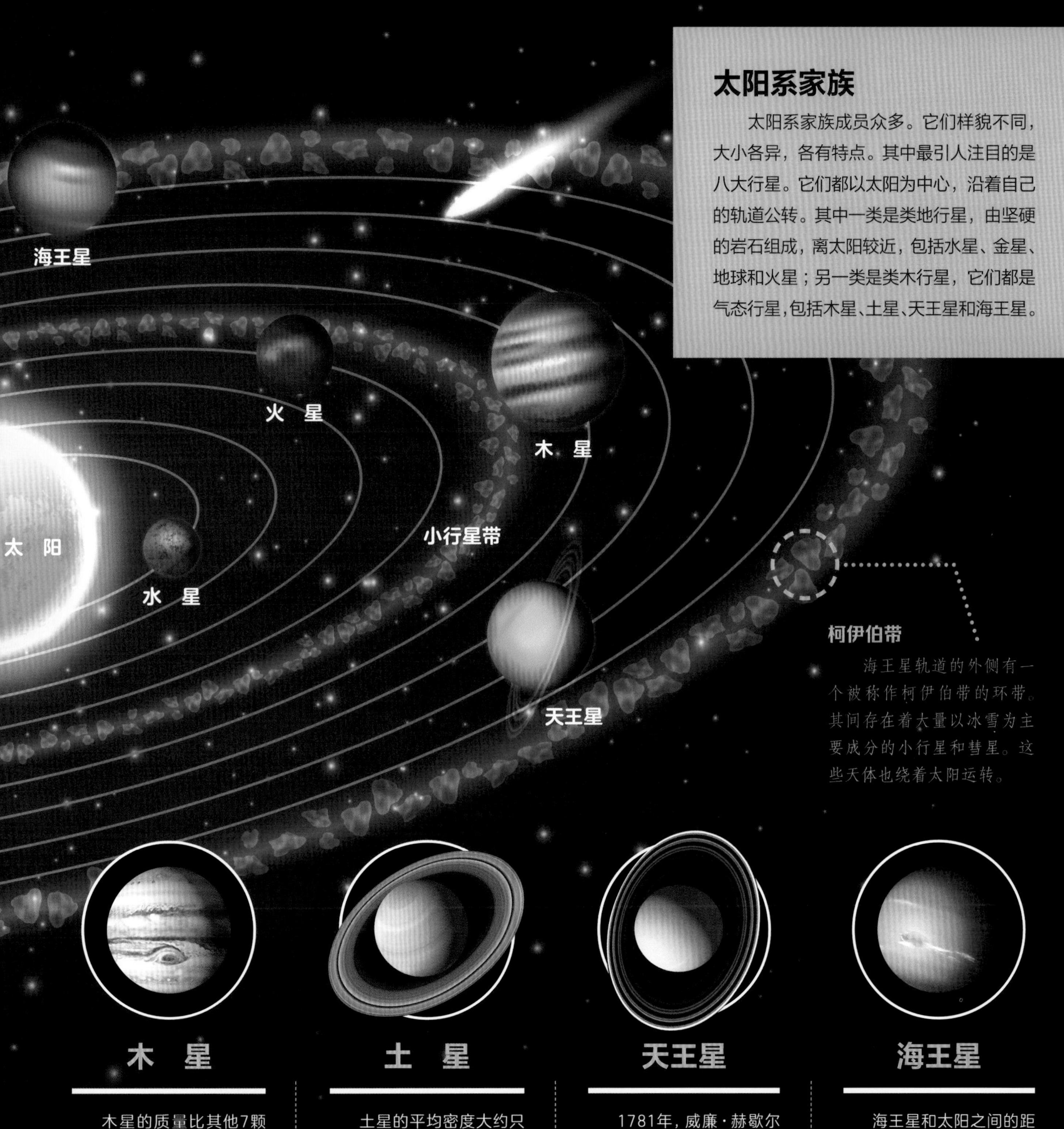

太阳系家族

太阳系家族成员众多。它们样貌不同，大小各异，各有特点。其中最引人注目的是八大行星。它们都以太阳为中心，沿着自己的轨道公转。其中一类是类地行星，由坚硬的岩石组成，离太阳较近，包括水星、金星、地球和火星；另一类是类木行星，它们都是气态行星，包括木星、土星、天王星和海王星。

柯伊伯带

海王星轨道的外侧有一个被称作柯伊伯带的环带。其间存在着大量以冰雪为主要成分的小行星和彗星。这些天体也绕着太阳运转。

木 星

木星的质量比其他7颗行星的质量总和还大。它的自转速度很快，木星上的一天相当于地球上的9.83小时。它被至少79颗卫星环绕，是八大行星中的卫星数量之王！

土 星

土星的平均密度大约只有水的70%。土星环围绕土星运行，由无数大小不等的粒子、烁石和冰块组成，每环的厚度仅10～50米，最厚不超过150米。我们已发现了土星的62颗卫星。

天王星

1781年，威廉·赫歇尔用望远镜巡天时偶然发现了天王星。它的赤道面几乎与其公转轨道面垂直，表面温度只有-180℃。天王星绕太阳一圈需要地球上的84.01年。

海王星

海王星和太阳之间的距离大约是地球到太阳距离的30倍，所以海王星接收到的光和热比地球少得多，导致那里极度寒冷且黑暗。人们只有借助天文望远镜才能看到它。

太阳、地球和月球

地球是太阳系的行星之一，它自西向东自转，同时绕着太阳公转。自转产生了昼夜变化，公转导致了四季轮换。地球的公转周期是 365.25 天，所以每过 4 年就会多出 1 天，这一年就是闰年。月球是地球唯一的天然卫星，绕着地球转动。

太阳的质量是地球质量的 33 万倍，占太阳系总质量的 99.86%。其他所有行星、卫星、小行星和彗星等天体的全部质量才只占太阳系总质量的 0.13%。太阳的直径为 139.2 万千米，相当于 109 个地球串在一起的长度。

太阳：太阳系的中心天体

太阳是离我们最近的恒星，距离地球将近 1.5 亿千米。它是太阳系的核心，体形巨大，维系着整个太阳系。太阳产生的引力使得太阳系中的各种天体环绕着它运行，而不会跑到太阳系以外的宇宙空间中去。

太阳本身是一个灼热的气体球，主要成分是氢和氦。太阳核心被认为是从中心点向外延伸四分之一太阳半径的区域，是太阳系内温度最高的地方。这里一直寄托着人类的一个梦想，那就是模拟太阳的核聚变反应，有效有度地利用核能。太阳核心产生的核能通过辐射向外传送，并伴随着巨大的热物质流。一个能量团从太阳内部传送到太阳表面大约需要数百万年的时间。

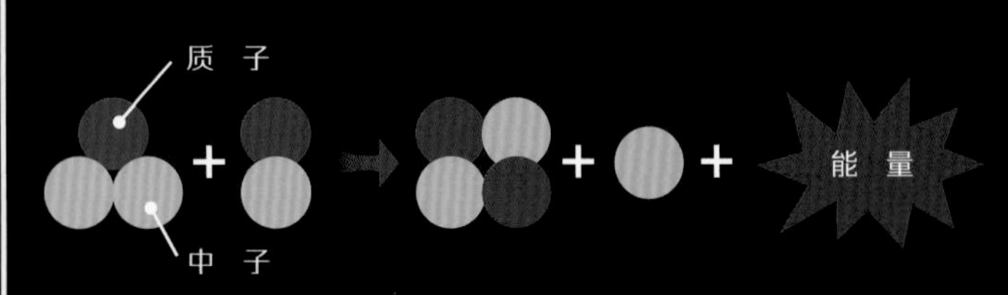

核聚变反应

在太阳内部，比较轻的氢原子合成了比较重的氦原子。氦原子的质量比氢原子的总质量小。因此在聚变反应中存在质量损失，这些损失的质量转变成了能量。

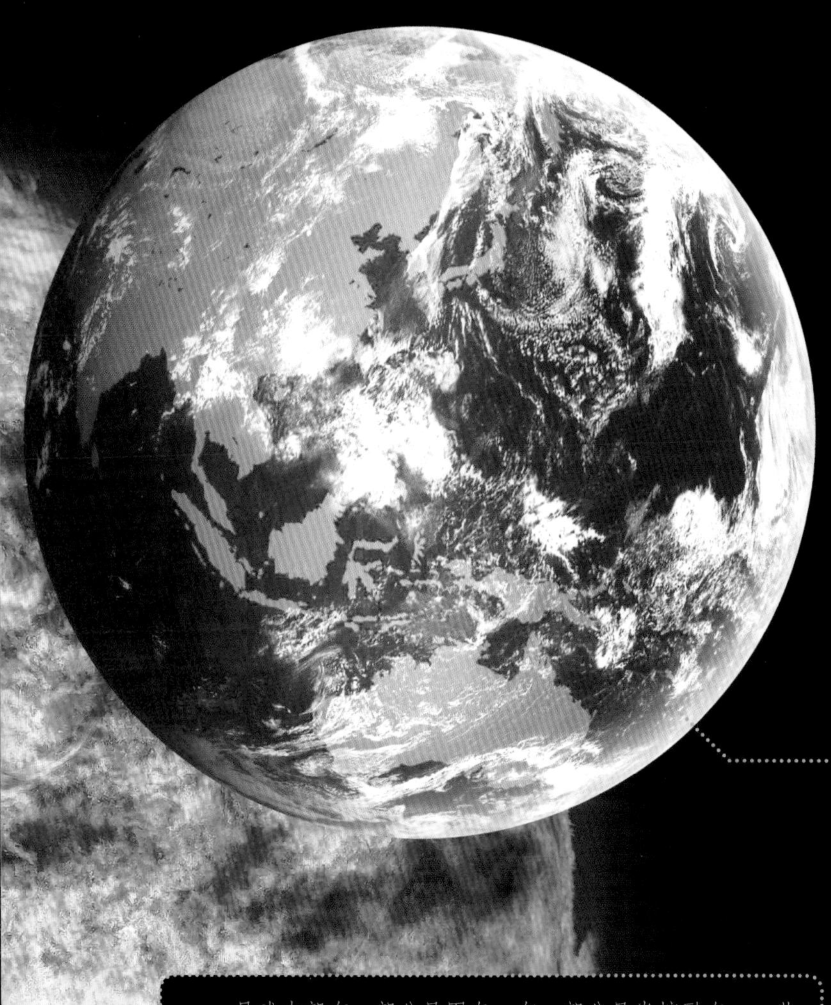

地球：完美星球

地球是人类的家园，也是目前太阳系里是唯一有生命存在的星球。地球表面积的 70.8% 被水覆盖，这是因为它的表面平均温度刚好处于水的凝固点和沸点之间，保证水可以一直以液态形式存在，而液态水被认为是进化出生命的重要因素。科学家在探索其他行星和恒星时，一项重要的工作就是寻找液态水存在的痕迹，因为这意味着那里可能存在生命。

此外，地球上还有丰足的氧气，以支持生物的生存。厚厚的大气层可以使地球表面避免辐射和陨石的伤害，强磁场能让我们免遭来自太阳的有害粒子流的危害。

地球主要由质量较重的非金属元素和金属元素构成。它的内部是一颗由铁和镍等元素构成的金属核。地核的外部被地幔包裹，其化学组成十分丰富。地球最外层是厚度各处不一的地壳，它可以被分为两层：玄武岩层和花岗岩层。

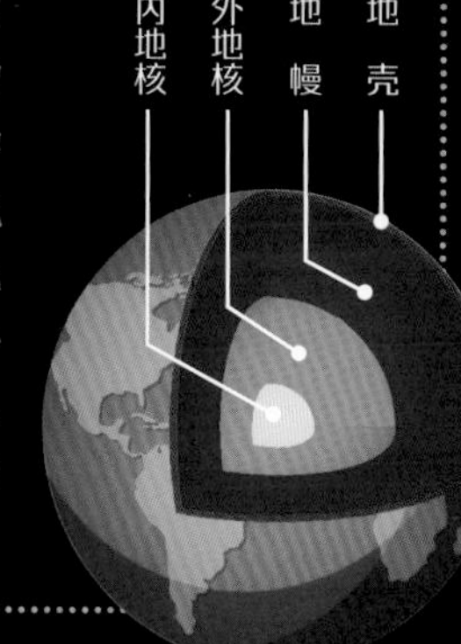

月球内部有一部分呈固态，有一部分呈半熔融态。一些科学家认为，月球的诞生要追溯到地球与其他天体“大碰撞”的时刻。在那次碰撞中，地球差点被毁灭了。

月球：地球的伙伴

相比地球，月球就显得很小了。它距离地球 38.4 万千米，每 27.3 天绕行地球一周。在它绕行的同时，月球也以同样快的速度自转，所以我们看到的永远是月球的同一面。

月球主要由岩石构成，也含有铁、铝、镁等金属元素。月球表面上看起来阴暗的区域，是比较低洼的平原地带，也被称为月海。表面上看起来较亮的区域就是高原。由于月球没有大气层，从外层空间飞来的陨石会直接撞击到它的表面。长此以往，月球表面布满了陨石坑，也积满了粉尘，覆盖在月球表面的灰色粉尘将近 1 米厚。

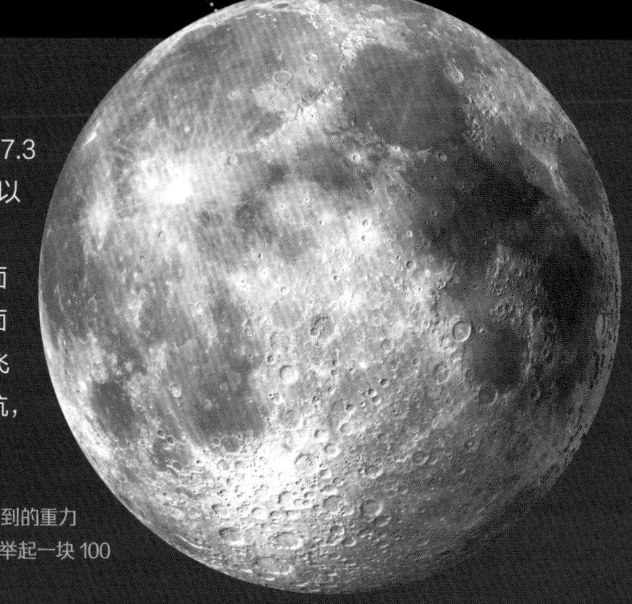

地球的质量是月球质量的 81.3 倍，因此月球表面的引力很小，物体在月球上受到的重力只有它在地球上的六分之一。所以我们在月球上可以轻松地跳出 6 米的高度，或是举起一块 100 千克的石头。

太阳系中的其他成员

从九大行星到八大行星

1930 年，美国天文学家董波在海王星之外的太阳系边缘地区发现了冥王星，并将其定为太阳系第九颗行星。之后，在这个区域，科学家利用望远镜发现了多个和冥王星类似的天体。这个区域就是柯伊伯带。

2003 年，比冥王星质量多出约 27% 的阋神星被发现。2006 年，在国际天文学联合会大会上，科学家通过投票，达成一致：冥王星被从行星之列中除名，“降级”为矮行星。矮行星和其他行星一样，也环绕太阳运行，并反射太阳光。但和行星不同的是，矮行星无法清除轨道附近的其他物体。这些物体是行星形成时没用完的冰质残留物。目前已知的矮行星有阋神星、冥王星、谷神星等。

成为行星的标准

1. 环绕恒星公转；
2. 质量必须足够大，形状近似于圆球；
3. 运行轨道附近没有其他小天体。

卫　星

卫星是围绕一颗行星旋转的小型或中型天体。我们已知的最小卫星直径还不到 2 千米。木卫三是太阳系中直径最大的卫星，直径达 5 260 千米。除了地球的卫星——月球之外，我们还在太阳系里发现了超过 180 颗卫星。八大行星中，除水星和金星外，其他行星都有卫星环绕。

冥王星

冥王星是最著名的矮行星，有3颗卫星，主要由岩石和冰组成，没有空气。它仅有月球质量的五分之一、月球体积的三分之一。

木卫三

木卫三的体积比水星体积还大，但因为它主要由岩石和冰构成，所以质量还不到水星质量的一半。2015年，美国国家航空航天局宣布，木卫三冰盖下有一片咸水海洋，在液态水含量上超过了地球。

彗 星

彗星由冰块、气体和尘埃混合而成，结构松散，就像小小的“脏雪球”。科学家推测，彗星来自太阳系边缘的奥尔特云，其中部分受到太阳的吸引，进入太阳系；有些也会受到其他恒星引力的影响，飞离太阳。当彗星飞到太阳附近时，一部分冰升华成气体，被太阳风吹出彗核，形成一个数千万千米长的尾巴。因此，人们给彗星起了一个外号——“扫帚星”。

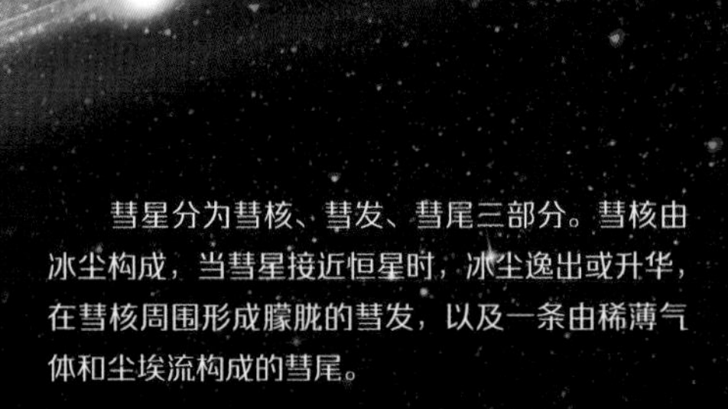

彗星分为彗核、彗发、彗尾三部分。彗核由冰尘构成，当彗星接近恒星时，冰尘逸出或升华，在彗核周围形成朦胧的彗发，以及一条由稀薄气体和尘埃流构成的彗尾。

小行星

火星和木星的轨道之间存在着一个无法被忽视的环形地带。这里聚集着大多数的小行星，人们将它称为小行星带。据估计，太阳系中的小行星总数有数百万颗。小行星像行星一样环绕太阳运动，但体积和质量比行星小得多。它们看上去好像飞起来的岩石小碎块，根本构不成球状。只有 3 颗小行星（谷神星、智神星和灶神星）的直径超过了 300 千米。2020 年 3 月，我国科学家发现了一颗直径仅 20 米的近地小行星。

在各类天体中，只有小行星可以根据发现者意愿进行命名。经国际组织审核批准后，该命名就得到了国际公认。命名一经确定，就无法再更改了。

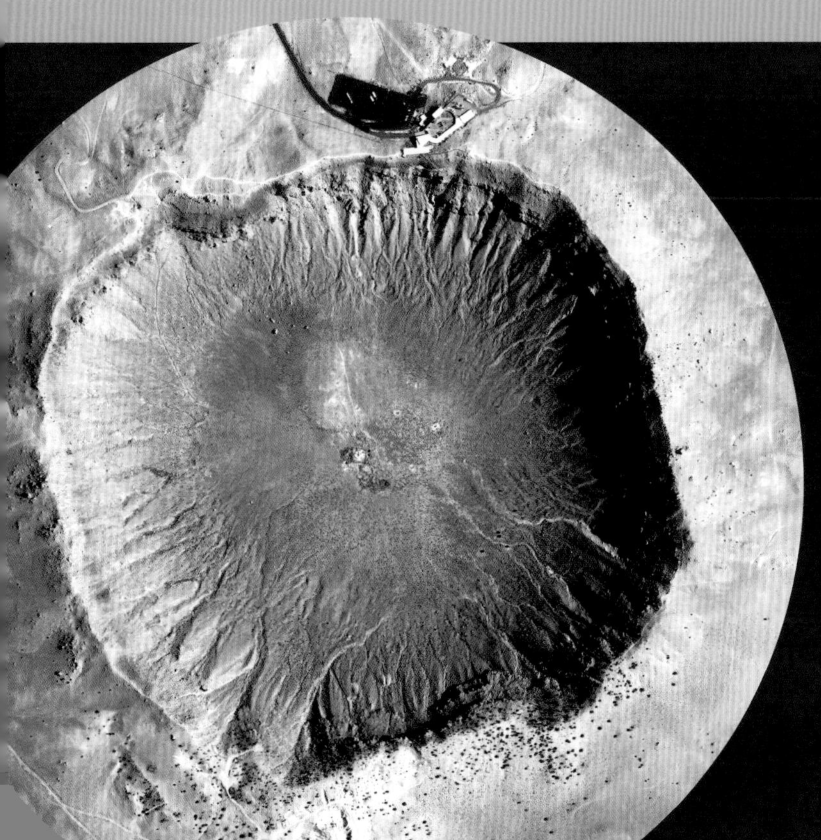

流星体和陨星

流星体也是一种天体，它的大小介于星际中的灰尘和小行星之间。它们闯入地球大气层，与大气摩擦，燃烧后产生亮光，成为我们在夜空中看到的流星。那些足够大的、未在大气中燃烧殆尽从而落到地球上的就是陨星，也就是俗称的陨石。关于恐龙在 6 600 万年前灭绝的原因，有一种说法就是“陨星撞击说”。人们认为，巨大的陨星撞击地球，引发海啸和火山爆发，导致包括恐龙在内的许多地球生物的灭绝。

巴林格陨星坑

位于美国亚利桑那州的巴林格陨星坑是一个直径1 280米、深180米的巨大陨星坑，大约形成于5万年前。据科学家推测，这颗陨星的质量有几百万吨，撞击时释放的能量足以摧毁一座小城市。

恒星的一生

恒星是什么？

宇宙中存在着一种自身能够发光发热的气态星球，它就是恒星。太阳是离我们最近的恒星，浩瀚的宇宙中，还有亿万颗形态各异的恒星。与其他伙伴相比，太阳的大小和亮度都处于中等水平，它正值中年。我们在夜晚可以看见的其他恒星几乎全都在银河系内，但由于距离遥远，它们看上去就只是小小的发光点。

赫罗图（HRD）是研究恒星演化的重要工具，以天文学家埃纳尔·赫茨普龙和亨利·诺里斯·罗素的名字命名。在图中，温度较高的恒星用蓝色表示，温度较低的恒星用红色表示；亮度大的恒星位于上方，发光微弱的恒星则位于下方。

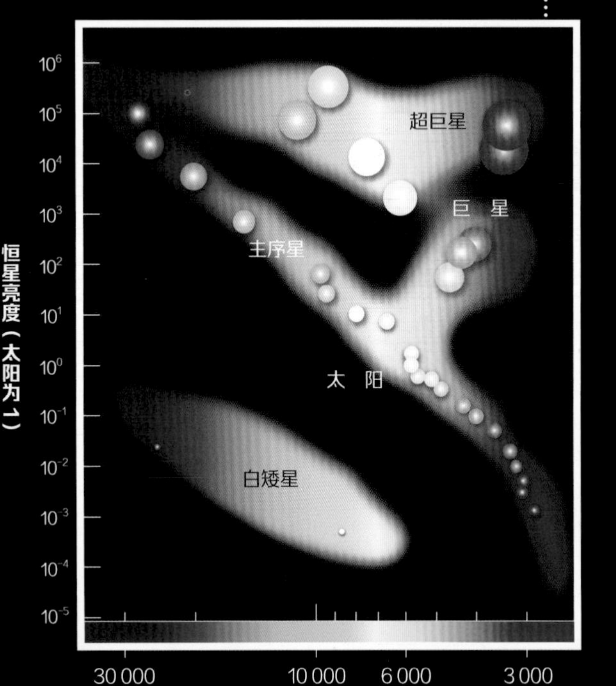

恒星的生命历程

特大质量的恒星

主序星

星体比较稳定。核心处的氢聚变成氦，恒星放出光和热。越是质量大的恒星，氢燃烧的速度越快。

Ⓜ 8 ~ 65 个太阳质量
☆ 角宿一、觜宿二

超巨星

恒星不断膨胀，变得又大又亮。通过聚变反应，大质量恒星可以合成更重的铁元素。

Ⓜ 失去大量的质量
☆ 参宿四、参宿七

超新星

超新星爆炸发生在几分之一秒内。外层的氢、氦及更重的元素一起被抛向星际空间。

Ⓜ 失去了大部分或全部的质量
☆ 超新星遗迹：仙后座 A、蟹状星云

黑 洞

超新星爆炸的残骸坍缩成黑洞。黑洞的引力很大，即使是光也无法从中逃脱。

Ⓜ 大于 3.2 个太阳质量
☆ 天鹅座 X-1、人马座 A*

中子星

电子被压入原子核，和质子结合成中子。恒星坍缩成一个密度很大的中子集合体。

Ⓜ 0.05 ~ 3 个太阳质量

从星云中来

星云坍缩，物质聚集成原恒星。

恒星的诞生

恒星会永远亮下去吗？答案是不会。以我们的太阳为例，它已经存在了46亿年，我们估计它会继续“燃烧”50多亿年。之后会发生什么呢？这就要从恒星的诞生讲起了。

我们用空间望远镜拍下了许多壮丽的星云图片，这些星云主要是由弥漫在宇宙中的氢和氦组成。星云会在自身引力的作用下逐渐坍缩，形成恒星的前身——原恒星。随着坍缩进行，原恒星的温度越来越高，通过热核反应，氢核转变为氦核，释放出巨大的能量抵抗坍缩，一颗恒星就这样诞生了！

中小质量的恒星

主序星

太阳作为一颗中等质量星，目前正处于主序星阶段，给我们持续地带来温暖和光明。

0.08 ~ 8个太阳质量

☆ 太阳、河鼓二

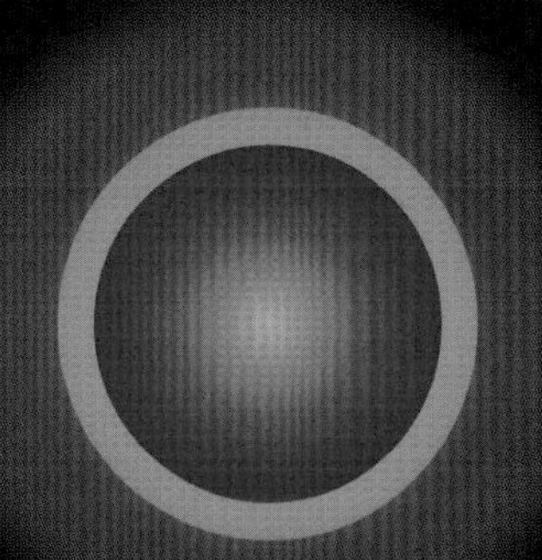

红巨星

恒星外壳不断膨胀，内核则向内收缩。氦聚变成更重的碳。此时，恒星的表面温度相对较低，但它极为明亮。

原始质量的99%

☆ 毕宿五、大角星

行星状星云

当燃料耗尽时，聚变就停止了，于是核心迅速坍缩，恒星将尘埃和气体所构成的外壳抛向星际空间。

百分之一到十分之几的太阳质量

☆ 哑铃星云、猫眼星云

白矮星

它是恒星核心的残留部分，主要由碳和氧组成，小而致密。白矮星不再产生能量，慢慢冷却，最后变成不可见的黑矮星。

0.2 ~ 1.1个太阳质量

☆ 天狼伴星、钻石星球

回到星云中

恒星所抛射出的物质会再次聚集成星云，进入新的恒星轮回。

命运的分叉路

恒星的命运从主序星阶段开始分出了两条道路：

对于特大质量星来说，虽然它们的质量约为太阳质量的8 ~ 65倍，寿命却短得多，通常只能存在数百万年。恒星先持续膨胀，变成超巨星，然后收缩，氦聚变成更重的元素，如碳、氧和硅，直至合成铁，此时恒星内核温度升高到了1000亿℃以上。随着内核爆炸，宇宙中最壮观的景观之一出现了，即超新星爆发。大部分物质都被喷射到太空中，剩余的物质有可能继续坍缩成中子星或黑洞。

对于中等质量星和与太阳质量差不多的小质量星，它们的寿命有数十亿年之久。在氢被耗尽后，恒星再也无法抵抗引力，内核坍缩，外层向外扩展了好几十倍，成为一颗红巨星。在经过红巨星阶段后，恒星会丢掉大部分物质，变成行星状星云。恒星内核则冷却并缩小，变成一颗白矮星。当它最终成为一颗黑矮星时，恒星就彻底隐身于茫茫宇宙中了。

我们的银河

数千年前，人们就发现，夜空中有一条横贯天空的白色光带。在中国，古人将它叫作“银汉”“天河”或“星河”，认为它隔开了遥遥相望的牛郎和织女。在古希腊神话里，天神宙斯的妻子赫拉将奶水撒到天上，变成了“乳之路”，也就是银河。

《银河的起源》（布面油画）

- 彼得·保罗·鲁本斯
- 1636—1637
- 现藏于西班牙马德里普拉多美术馆

- 雅各布·丁托列托
- 1575
- 现藏于英国伦敦国家美术馆

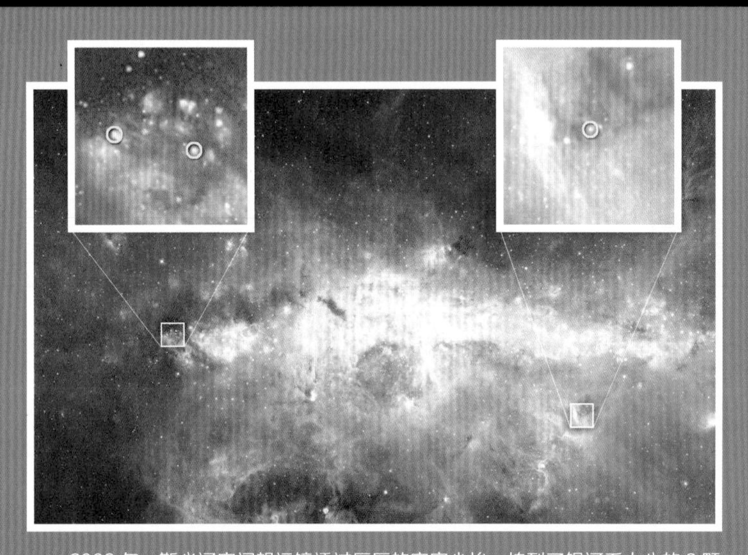

2009 年，斯必泽空间望远镜透过厚厚的宇宙尘埃，拍到了银河系中心的 3 颗还不满 100 万岁的恒星“宝宝”。

银河系的中心有什么？

18 世纪的天文学家就已经意识到银河是扁平的，但他们错误地认为太阳系位于银河系的中心。实际上，太阳系距离银河系的中心约有 2.6 万光年远，地处银河系的“郊区”地带。

银河系的中心有一个巨大的射电波源——人马座 A*，质量大约是太阳质量的 400 万倍。这里环境恶劣，充斥着各种尘埃和气体，还有猛烈的星风不断向外扩散。人马座 A* 很有可能是离我们最近的超大质量黑洞所在。

银河系

银河系的银盘直径约为 8 万光年，中心厚度约为 1.2 万光年。银河系本身在缓慢地旋转，一切都在以银心为中心的轨道上转动着，太阳在银河中的运动速度大约是 250 千米 / 秒，沿轨道运行一周大约需要 2.5 亿年，这个周期被称为一个银河年或宇宙年。

鹰状星云

鹰状星云是银河系的一个恒星诞生区，其中含有成千上万颗恒星和许多孕育这些恒星的尘埃云。科学家利用哈勃空间望远镜拍摄到了鹰状星云中的 3 根“创生之柱”。暗色的气体团可能会坍缩，从而孕育出新的恒星。

银河系全景图是如何拍摄的?

这张照片是由超过200万张斯必泽空间望远镜拍摄的图片合成的。如果我们把它打印出来平放,它需要占据一个体育场。不过,天文迷可以去网络上观赏数字版图片,一探银河系的壮丽景象!

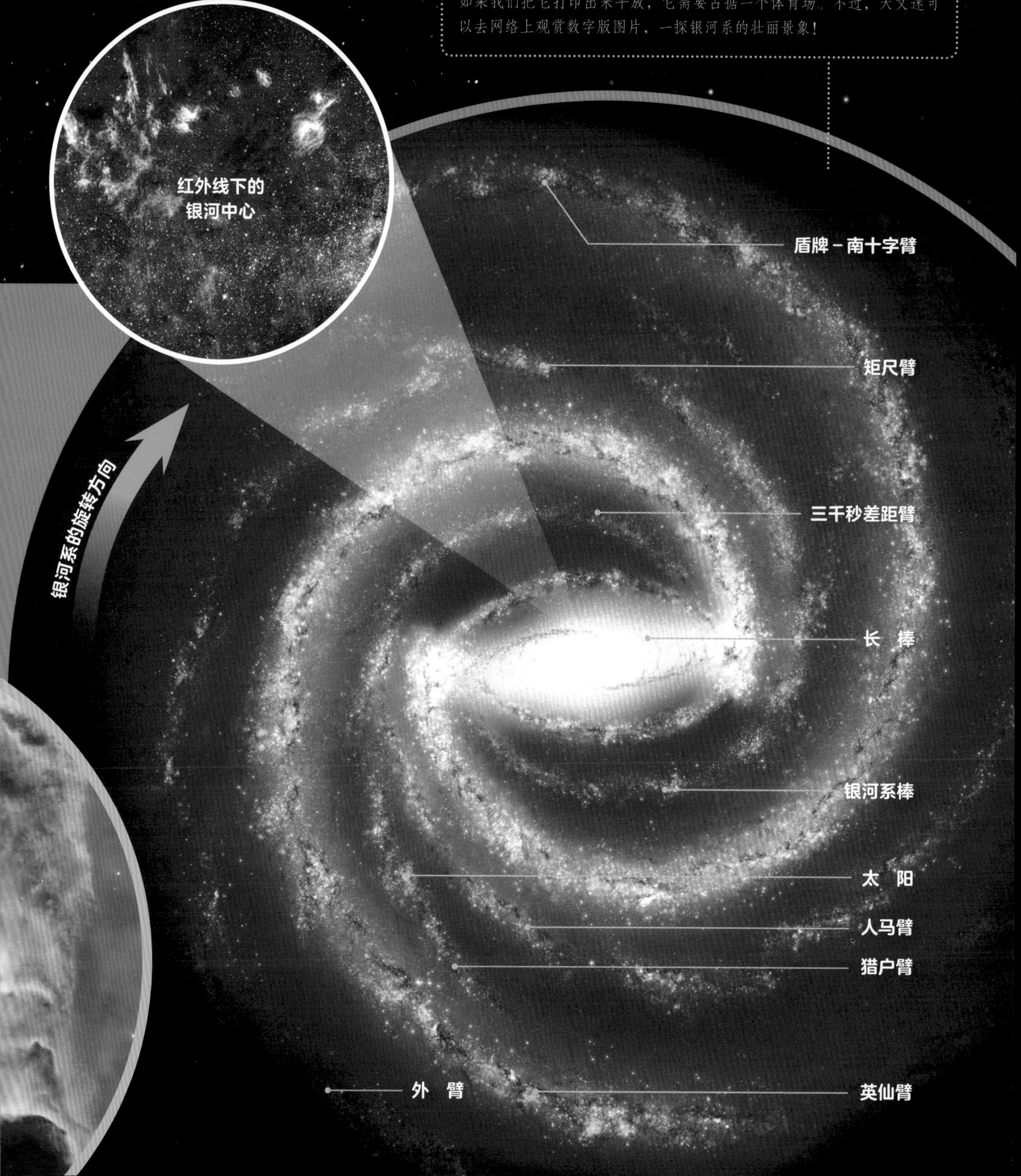

红外线下的
银河中心

银河系的旋转方向

盾牌－南十字臂

矩尺臂

三千秒差距臂

长　棒

银河系棒

太　阳

人马臂

猎户臂

外　臂

英仙臂

河外星系

大约 100 年前，人类还认为银河系就是整个宇宙，然而现在我们已经发现了数十亿个和银河系类似的星系，但是因为距离遥远，即便是最亮的星系，在我们的夜空中也仅仅是一个模糊的亮点。河外星系是银河系以外星系的统称。

星系是由星际气体、尘埃和恒星在引力的作用下形成的。它可以被看到的物质的质量还不到其总质量的10%，其他是目前无法被我们观测到的暗物质。这些巨大的“云团”可以容纳几亿颗至上万亿颗恒星。

我们可以根据形态，将星系主要分为旋涡星系、椭圆星系和不规则星系等。

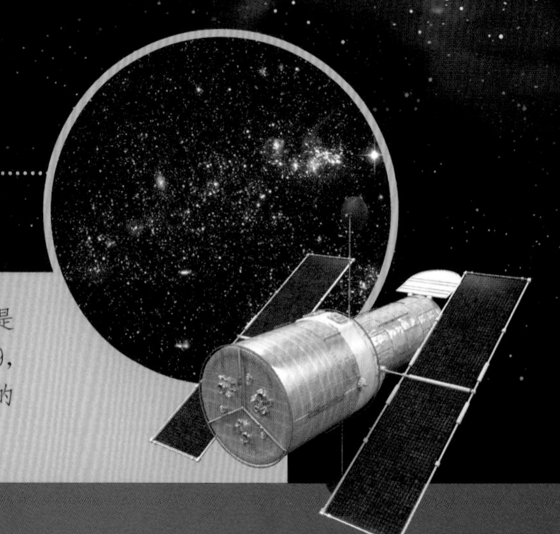

矮星系是光度最弱的一类星系，大多数矮星系是椭圆星系,也有些是不规则星系。这是哈勃空间望远镜拍摄的位于大熊座的矮星系 UGC4459，它好似一只小鸟在宇宙中振翅飞翔。这个不规则的矮星系里有很多年轻的蓝色恒星和较古老的红色恒星。

椭圆星系

椭圆星系的外形是正圆形或椭圆形。它没有旋臂结构，中心明亮，边缘渐暗，看上去呈黄色或红色。它的尺度可以很大，也可以很小。巨椭圆星系可能是宇宙中最大的恒星系统，质量可以达到 1 万亿个太阳的质量。矮椭圆星系的质量较小，最轻的只有 100 万个太阳那么重。虽然它也属于椭圆星系家族，但一些科学家认为，它更像不规则星系和晚期的旋涡星系。

这是由哈勃空间望远镜拍摄的星系碰撞景象。右边的椭圆星系离我们较远，左边的旋涡星系离我们较近。旋涡星系的蓝色旋臂上有高热的年轻恒星，而以老年恒星为主的椭圆星系则被人们称为“老人国”星系。

仙女星系是离我们最近的河外星系，距离地球约 220 万光年，北半球的人们用肉眼就能看到。它是一个典型的旋涡星系，规模比银河系大，直径为 16 万光年。

旋涡星系

旋涡星系有一个圆盘状的结构，上面聚集的大量恒星、星际尘埃和气体围绕着核心旋转，从而形成了旋臂结构。像银河系这样的棒旋星系中间还有一个棒状结构。银河系超过四分之一的星系“邻居”都是旋涡星系。

不规则星系

多数的不规则星系曾经可能是旋涡星系或椭圆星系，但因为邻近星系的引力作用而被破坏变形，从而失去了旋涡结构或椭圆的形态。不规则星系的直径约在 0.65 万 ~ 3 万光年之间，比其他星系更小且更暗，但星际气体和尘埃含量丰富，包含了很多恒星形成区。

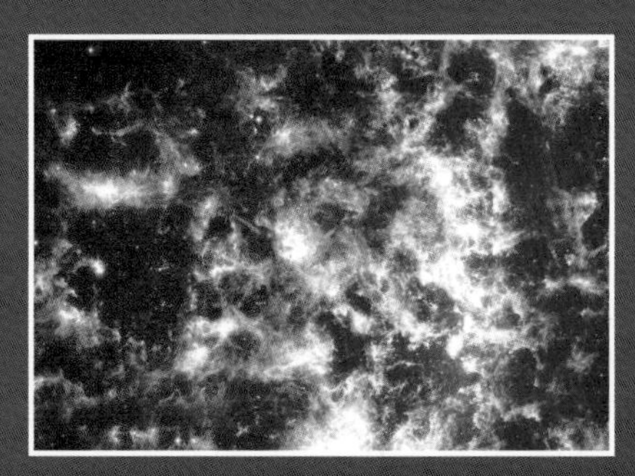

大麦哲伦云里存在着丰富的气体和星际物质。也许是受到银河系潮汐力的影响，这里正经历明显的恒星形成活动。

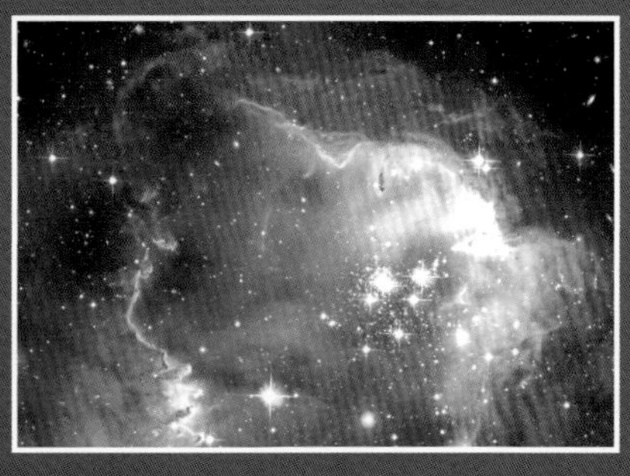

除了尘埃云和气体云，小麦哲伦云的边缘还有一个诞生仅 500 万年的年轻星团 NGC602。

星系碰撞

当一些星系的间距足够小时，星系会在引力作用下形成星系团。如果引力足够大，引力也会导致星系或星系团之间产生碰撞。星系碰撞在宇宙中相当普遍，是星系演化的关键。

1

玫瑰星系位于仙女座。由于巨大的引力作用，较大的 UGC1810 被扭曲成玫瑰花朵的形状，而它的同伴 UGC1813 则像是茎干部位。

2

双鼠星系是位于后发座的两个正在碰撞的旋涡星系，它们拖着由恒星和气体组成的长尾巴。在未来，它们还会不停互撞，最终可能合并为一个椭圆星系。

3

触须星系位于乌鸦座，是年轻的碰撞星系。两个旋涡星系在 2 亿~ 3 亿年前首次碰撞时，形成了两条带状的“触须”。

黑　洞

黑洞是宇宙中一种极为特别的天体。它不像行星或者恒星那样是一颗球体。它没有所谓的表面，极大的质量都集中在一个极小的区域，甚至连光都无法逃脱其巨大的引力。所以，黑洞无法被我们看到，科学家是依据它施加在星尘、恒星和星系之上的影响，从而推断其存在的。

黑洞喷流

天体被吸入黑洞时，会被迅速加热，产生的能量以喷流（通常是X射线）的形式冲向宇宙。

黑洞的边界

我们无法观察到黑洞的内部，这正是其名字的由来。我们能观测到的只是黑洞的边缘，它被称为视界。黑洞外的物质和辐射一旦越过这个边界，就都会被黑洞吸进去，一切都无法逃逸出去。

吸积盘

星际气体和尘埃被高速抛离后，围绕着黑洞旋转。于是黑洞周围拥有一圈厚厚的物质环，好像一个甜甜圈。

黑　洞

一旦越过视界，所有掉入黑洞中的物质都会堆积到一个点上。这个密度无穷大的点叫作奇点。

黑洞的命运

斯蒂芬·威廉·霍金发现黑洞会发出热辐射，这种辐射被命名为“霍金黑洞辐射”。黑洞也会因为这种辐射逐渐萎缩，最终消失。目前，科学家提出了另一种可能，当黑洞“死亡”时，它可能会变成一个“白洞”，喷射出之前吞噬的所有物质。

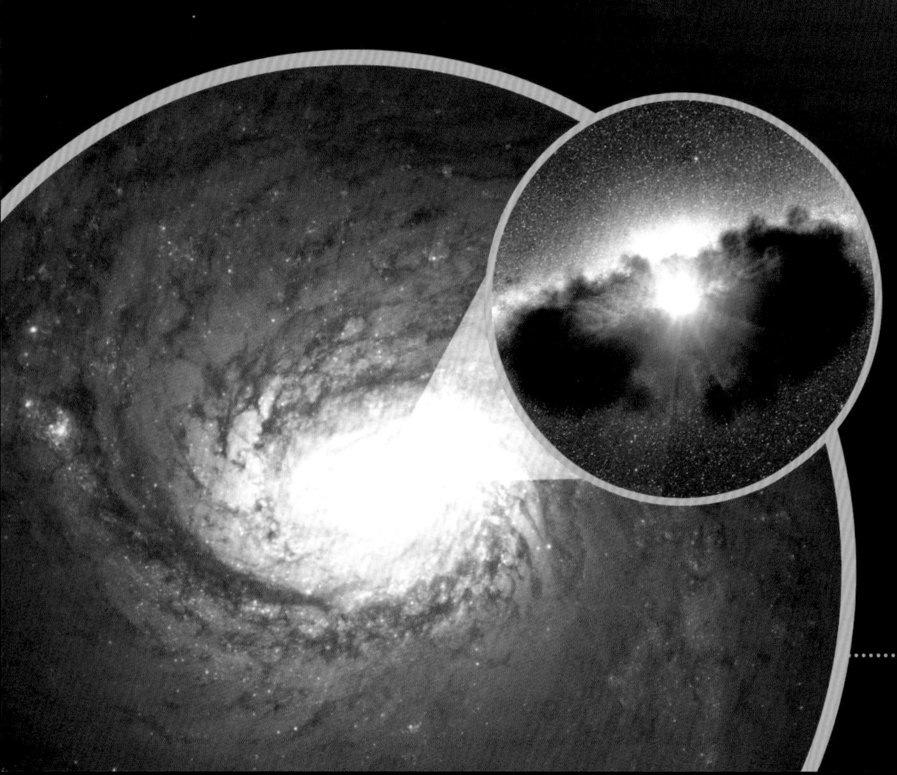

这是哈勃空间望远镜拍摄到的NGC1068星系近景。一些科学家认为，星系的中央就是一个超大质量的黑洞。

黑洞的大小

根据质量的不同，黑洞一般被分为恒星级黑洞、中等质量黑洞和超大质量黑洞。许多恒星级黑洞只比太阳重一点。它们是大质量恒星生命的尽头，直径不过数千米。大多数星系的中心都有超大质量的黑洞，其质量可达太阳的数百万甚至数十亿倍。

2019 年 11 月，中国科学院国家天文台宣布，科学家运用郭守敬望远镜发现了一个迄今质量最大的恒星级黑洞，其质量大约是太阳质量的 70 倍。

第一次看见黑洞！

2019 年 4 月 10 日，世界上首张黑洞照片公布，让我们得以一睹黑洞真容。科学家利用口径如地球直径大小的虚拟射电望远镜网络，在室女座星系团的一个椭圆星系 M87 的中心，成功“捕获”了黑洞的影像。

吸积作用

黑洞之所以会被发现，是因为它会俘获周围的气体和尘埃，使自身质量增加。这一过程被称为吸积。

伴 星

当黑洞周围有伴星存在时，黑洞慢慢撕扯、吸取伴星的物质，由此科学家可以“看到”黑洞的存在。伴星会按一定的周期，围绕黑洞旋转。

这是大麦哲伦云前方黑洞的模拟视图。极大的质量导致时空畸变，进而使得光被扭曲。所以，我们看到黑洞外层有一个环形光晕。这就是爱因斯坦所说的引力透镜效应。

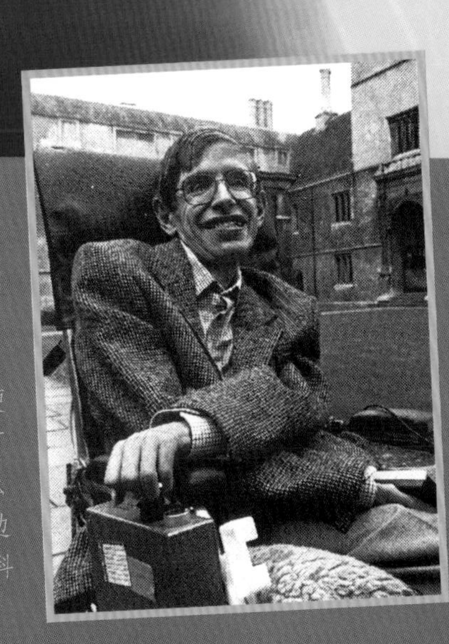

霍金 21 岁时不幸罹患肌肉萎缩性侧索硬化症，后又丧失语言能力，只有 3 根手指可以活动，但他没有放弃对宇宙的探索。什么是宇宙大爆炸的第一推动力？霍金利用无边界条件的量子宇宙论，完美解答了这个困扰科学界多年的问题。

宇宙有边界吗？

人类赖以生存的家园是地球，按距太阳由近及远的次序，地球是太阳系的第三颗行星，太阳系位于银河系的猎户臂上，银河系是宇宙里无数星系中的一个。再往外呢？还会有什么？整个宇宙到底有多大？它的边界在哪里？

回答这个问题之前，我们需要先回顾一下我们是如何观察宇宙的。

我们在宇宙中看到某颗星、某个星系，这就代表，这颗星发出的光到达了我们的眼睛。纵然光的传播速度很快，但它跨越遥远的距离也是需要时间的。也就是说，我们能看到的是那颗星过去的模样，而不是现在的样子。天体与我们之间的距离，等于它发出的光到达我们眼睛的时间与光速的乘积。

1 物质无处不在，光以光速传播

半径：**138** 亿光年

我们能看到的最古老的光，是来自 138 亿年前的宇宙背景辐射。也就是说，我们最远能看到 138 亿光年外的地方，更远处有什么？我们就不知道了。如果没有什么比光还跑得快，那么可观测宇宙的半径就是宇宙年龄与光速的乘积，也就是 138 亿光年。

2 一切都能在空间中移动

半径：**276** 亿光年

爱因斯坦提出“狭义相对论”，认为光速是天体运动速度的极限。这就表明，一方面，天体以光速远离我们；另一方面，它所发出的光以光速向我们移动。这样看来，可观测宇宙的半径应该是第一种情况的两倍，也就是 276 亿光年。

光年是长度单位，指光在宇宙真空中沿直线传播了一年时间所经过的距离。

浩瀚无边的宇宙

宇宙中存在着暗能量，它足以把宇宙的实际半径推到我们可观测的宇宙之外。我们可观测到的宇宙的半径有465亿光年，这意味着对于一个距离我们465亿光年远的天体，它发出的光只需穿越138亿年的宇宙历史，就可以到达我们这里。

事实上，因为某些天体和我们之间的距离增加得过快，它们的光可能永远都无法到达我们这里，这就意味着我们永远都看不到宇宙的全貌。

知识加油站

我们可以观测到的宇宙是一个以地球为中心的球体，它一直都在扩张。你眼中的宇宙、遥远星球上另一种智慧生命眼中的宇宙，这两个可观测宇宙可能重合，也可能完全没有交集。

平行宇宙

宇宙只有一个吗？为什么不能有多个宇宙呢？也许在另一个宇宙也生活着另一个你，看着另一本关于浩瀚宇宙的书。注意，当我们谈论“宇宙”的时候，我们指的是“可以被观测的宇宙”。这是一个半径为465亿光年的球，在这个球之外还有什么？我们不得而知。既然无法进行观测，科学家索性大开脑洞，提出了几种猜想。他们认为，宇宙之外可能还存在着别的宇宙。

平行宇宙是否真的存在？我们目前没有办法证实。物理学家在研究宇宙的过程中，需要先提出假说，然后再设法验证。也许未来有一天，小朋友们也可以提出自己的宇宙理论呢！

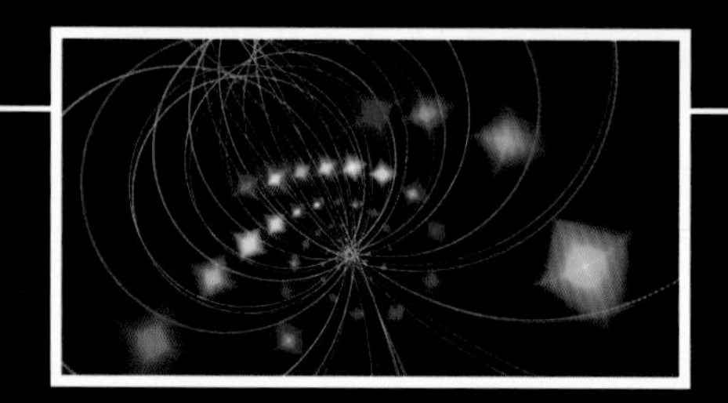

弦理论

它的基本观点是，自然界的基本单位是类似像皮筋的“能量弦线”。不同长度和振动频率的弦构成了各种粒子。根据弦理论的推导，宇宙是11维的。也就是说，除了长、宽、高和时间这4个维度之外，还有我们无法感受和想象的7个维度。

泡泡宇宙

一些科学家认为，我们所处的宇宙可能诞生于一个原本就存在的初始宇宙。这个初始宇宙就好像一锅煮沸的水，里面冒出了无数个像泡泡一样的宇宙。

这就意味着，我们生活的这个泡泡宇宙之外，还有着更为广袤的空间。空间内有很多大小不一的独立宇宙。它们都可以自由移动，但彼此之间距离非常遥远，无法碰面。

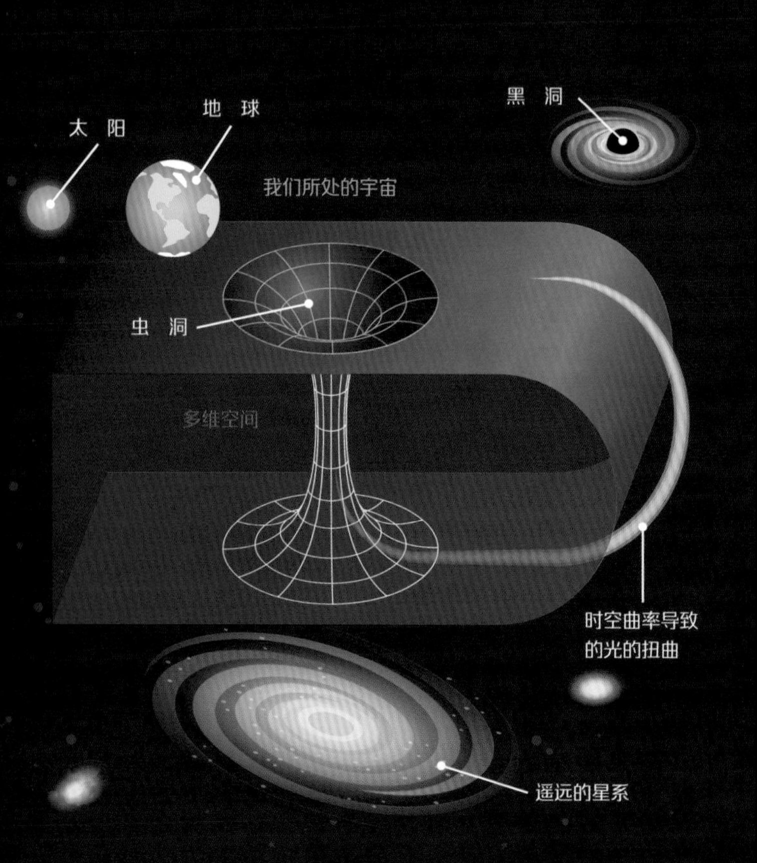

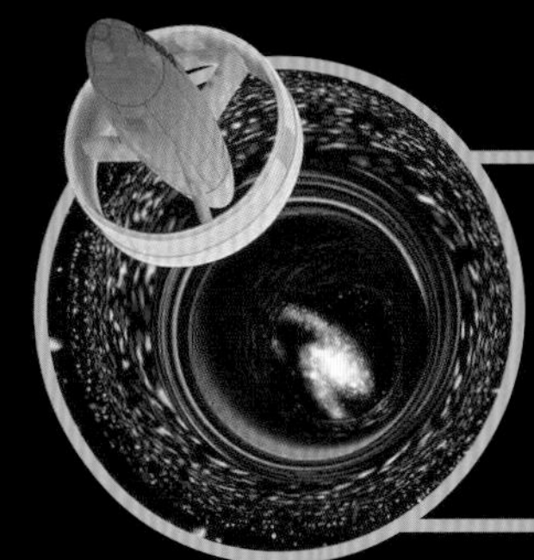

知识加油站

如果你想要尝试瞬时空间转移，或者进行时间旅行，你需要先找到“虫洞”的位置。虫洞是宇宙中可能存在的连接两个不同时空的狭窄隧道，暗物质让虫洞的出口始终敞开。可惜的是，迄今为止，科学家还没有发现能证明虫洞存在的证据。

多维宇宙

如果我们所在的空间不只是 3 维的，而是 9 维、10 维，甚至 12 维的呢？受弦理论的启发，科学家提出了另一个可能：我们以为的宇宙，可能只是某个多维空间的三维表面。打个比方，在三维空间里，我们可以把许多二维的纸张叠在一起。同样，多维的宇宙里也可以有无穷多个三维的宇宙。

多重宇宙

关于宇宙的猜想，科学家还提出了另一种可能。宇宙每碰到一个新的选择，就会生出一个新的宇宙，每个选择代表的时间线都是实际存在的，并且它们都在同步发生。我们只能选择其中一条路径，没有办法观察到位于其他路径的宇宙。

最终，所有这些宇宙有着各异的命运。大多数宇宙会坍缩并消失，一部分宇宙会膨胀，比如我们所在的这个宇宙就在不断膨胀着，从而为恒星、行星以及生命的出现创造了条件。

外星人，你好！

地球是目前已知唯一存在生命的星球。宇宙如此广阔，许多人相信在宇宙的某个地方一定存在着生命。于是在探索宇宙的过程中，科学家也一直试图寻找生命存在的痕迹。

地外生命到底存不存在？为了找到答案，我们需要把这个问题分解开来，天体物理学家法兰克·德雷克在 20 世纪 60 年代提出了一个方程，可以帮助我们解答“是否有外星人”这个问题。

$$N = R^* \times f_{行星} \times n_{宜居}$$

N	R^*	$f_{行星}$	$n_{宜居}$
银河系中可能与我们打交道的文明的数量	银河系中每年恒星形成的平均速率	恒星拥有行星的比例	每个行星系中有条件产生生命的行星的数量

外星人存在吗？

实际上，到目前为止，在银河系中，除了我们人类之外，科学家还没有发现其他文明存在的迹象。在银河系之外，科学家已经发现了数百亿个河外星系，它们由几亿至上万亿颗恒星组成。宇宙太大了，也许在银河系之外，真的存在我们所不知道的其他文明。

恒星数量知多少

目前银河系拥有超过1 000亿颗恒星。就像人类需要食物一样，星系会不断捕捉宇宙中的物质，来形成新的恒星。然而科学家发现，银河系的“恒星婴儿潮”时代早已过去，如今产生新恒星的速度正在减慢，这意味着银河系将逐渐步入晚年。

孤独的恒星

恒星的形成通常都伴随着行星的形成，目前已经发现银河系的300多个主序星都拥有行星。但科学家观测发现，银河系中超过50%的恒星系统是双星或多星系统，还有一些恒星系统中的主角是白矮星、中子星或黑洞。在这样的恒星系统里，由于引力影响，行星也许会被恒星“吃”掉或者甩掉。

不远不近的宜居带

生命的出现需要液态水。如果温度太高，水会蒸发；如果温度太低，水又会结成冰。行星只有处在恒星的宜居带上，才能拥有液态水，从而有机会孕育生命。系外行星开普勒186f、开普勒452b和地球一样，围绕着一个类似太阳的恒星运行。下图中的绿色部分就是3个星系的宜居带。

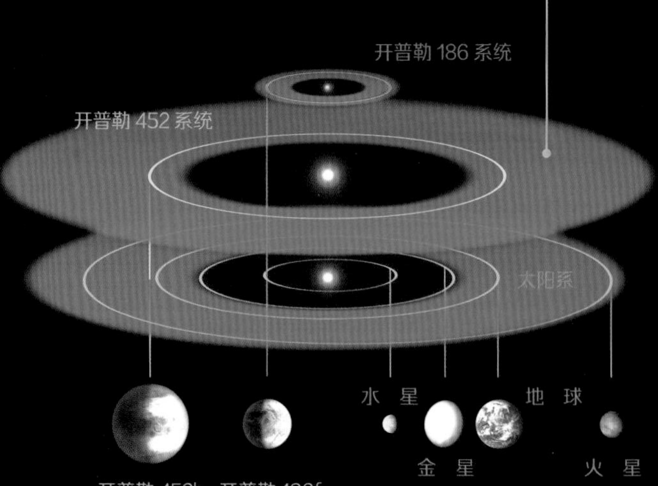

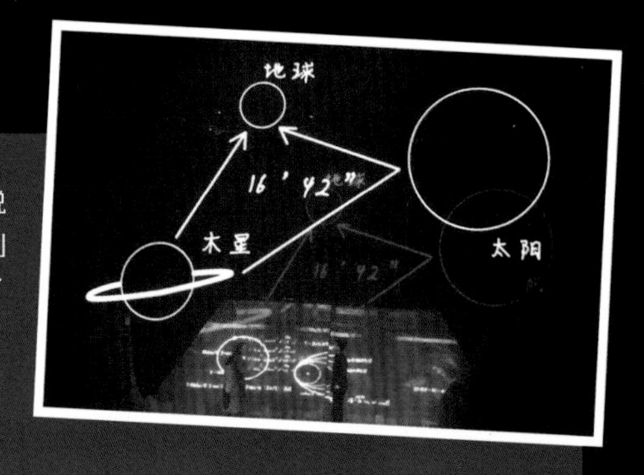

长篇科幻小说《三体》三部曲由刘慈欣创作，讲述了地球人类文明和外星三体文明之间的故事，以及两个文明在宇宙中的兴衰历程，获得了第 73 届雨果奖最佳长篇小说奖。小说让人思考这样一个问题，如果存在外星文明，那么宇宙中有共同的道德准则吗？

1977 年发射升空的两艘旅行者号探测器分别携带着一张铜质镀金激光唱片，上面记载了关于人类和地球的信息，用来向外太空中的其他生命介绍我们所处的世界。在唱片中，我们用 55 种语言向他们问好，还录下了大自然的各种声音，以及来自不同文化和年代的音乐。

× f 生命 × f 智慧 × f 文明 × L

f 生命	f 智慧	f 文明	L
能发展出生命的宜居行星的比例	有生命的行星演化出智慧生命的概率	智慧生命能进行通信的概率	科技文明可以持续发送讯息的时间

改造火星

同样处在太阳系宜居带内的火星上一片荒芜，没有生命。如何让它变得适合生命生存呢？我们需要将它加热。在获得足够的能量之后，火星上冻结的冰才能融化，形成海洋和湖泊。然后，我们还需要把微生物和植物带去火星，让它们向空气中释放氧气，形成适宜生命呼吸的空气。

智慧生命

要想被称为智慧生命，生命体需要满足三大要素：拥有定义的能力，即可以进行认知和概括；拥有知识传播的能力；拥有种族文明。地球上的智慧生命——现代人大约出现在20万年前，从生命的出现到智慧生命的出现至少经过了数十亿年，这个过程极为漫长。

遥远的信号

人类开始向宇宙发射人工电磁波的时间其实也就100多年。如果外星人刚刚接收到我们100年前发射的讯息，那么起码100年后，我们才可能收到回复。宇宙飞船能够到达的距离则更加有限。到目前为止，人类发射的宇宙飞船最远才刚刚飞越太阳系的边缘。

生命的偶然性

宇宙的历史有138亿年之久，地球上生命的进化也花费了数十亿年，一种智慧生命能存在多久呢？没有人知道。现代人类从新石器时代到现在的高度文明时代，才用了不到1万年时间，这只是宇宙历史的一瞬间。这意味着我们恰好发现智慧生命的可能性很低，除非他们在宇宙中普遍存在，或者他们的寿命极长。

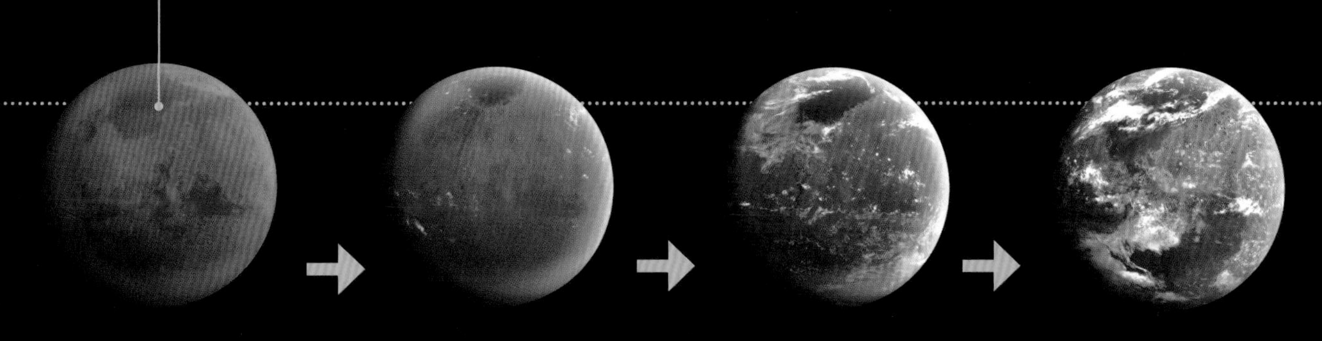

地球上的生命起源于海洋。历经上百万年，海洋中的简单有机分子变得更大且更复杂。当某个分子获得自我复制的能力时，它成了生命的祖先。对于地球生命而言，生存的必要条件有：阳光、大气、液态水和稳定的环境等。

暗物质

已知的宇宙物质和能量中，有 27% 是所谓的暗物质，我们一直在研究的物质和能量只占了整个宇宙的 5%。这个比例意味着，实际上我们对宇宙中的大部分物质都一无所知。等一下，既然我们对它们一无所知，那我们又是怎么发现它们存在的呢？这就要从科学家发现的“奇怪现象”讲起。

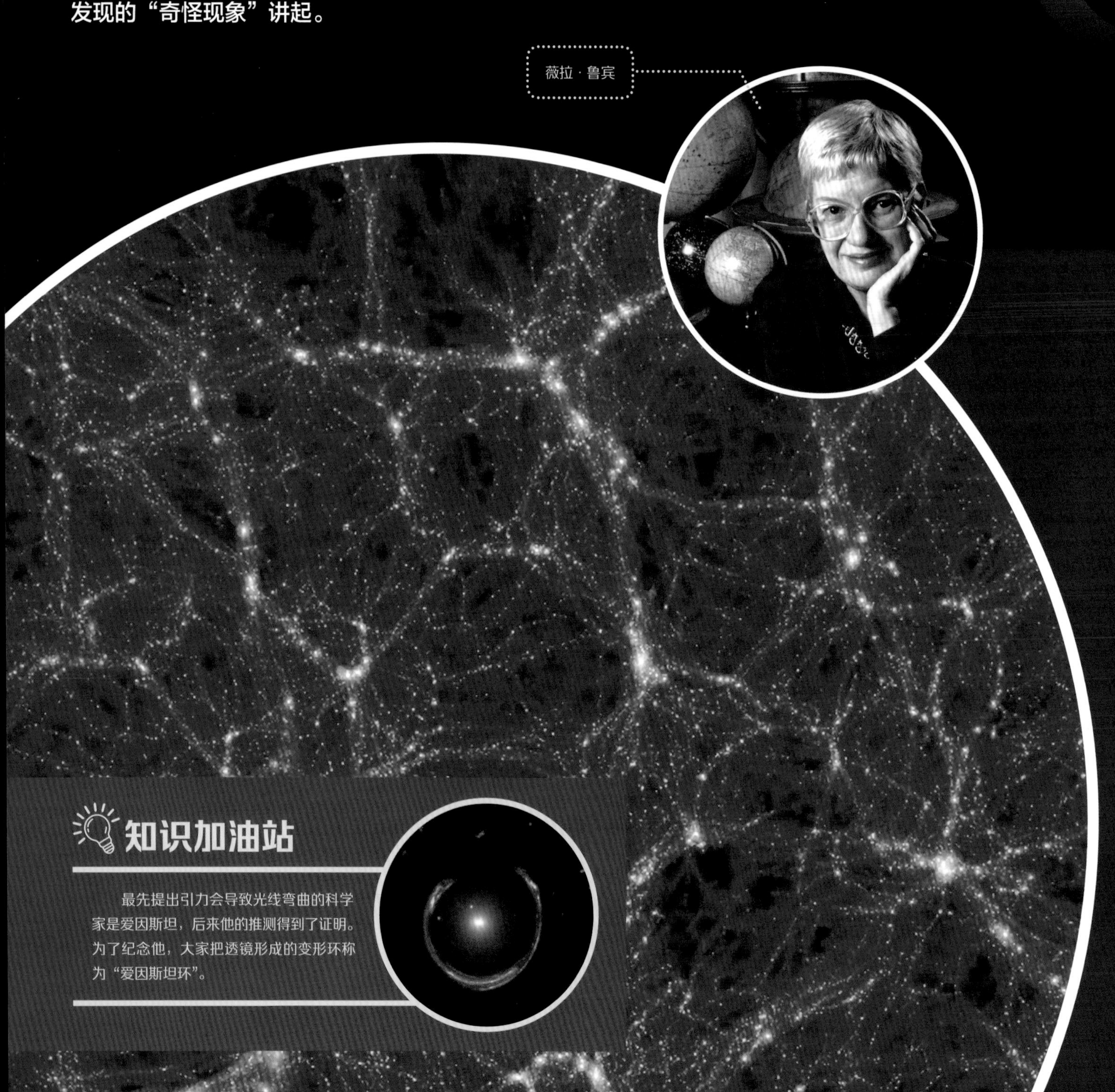

薇拉·鲁宾

知识加油站

最先提出引力会导致光线弯曲的科学家是爱因斯坦，后来他的推测得到了证明。为了纪念他，大家把透镜形成的变形环称为“爱因斯坦环”。

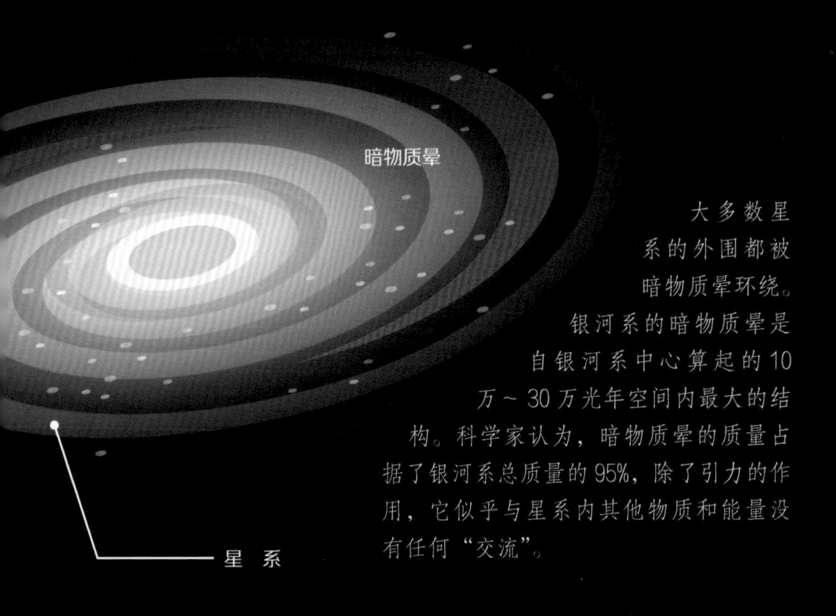

大多数星系的外围都被暗物质晕环绕。银河系的暗物质晕是自银河系中心算起的10万～30万光年空间内最大的结构。科学家认为，暗物质晕的质量占据了银河系总质量的95%，除了引力的作用，它似乎与星系内其他物质和能量没有任何“交流”。

转得太快的星系

20世纪70年代，科学家薇拉·鲁宾计算了星系的质量和星系内恒星的运行速度。随后她发现了一个无论如何也无法解释的问题：星系转动的速度太快了，在这样的速度下，星系里的恒星根本无法留在星系内部，它们早就应该被甩出去了。

你可以准备一根15厘米的细绳，在一端系上一卷胶带，用手抓住细绳的另一端。让绳子以你的手为中心旋转，你会发现，旋转的速度越快，胶带往外甩得越厉害，你就越需要用力拉住绳子。在高速旋转的星系中，这个额外的力来自哪里呢？

科学家们推测，星系中有一些物质。它们质量很大，但是无法被我们观测到。它们通过自身的引力将恒星拽住，将其留在星系内部。这种物质被叫作暗物质。

类星体是一种形态类似恒星的天体，距离我们非常遥远。我们将一个距离我们较近的星系作为引力透镜，来观测类星体。看看会发生什么？

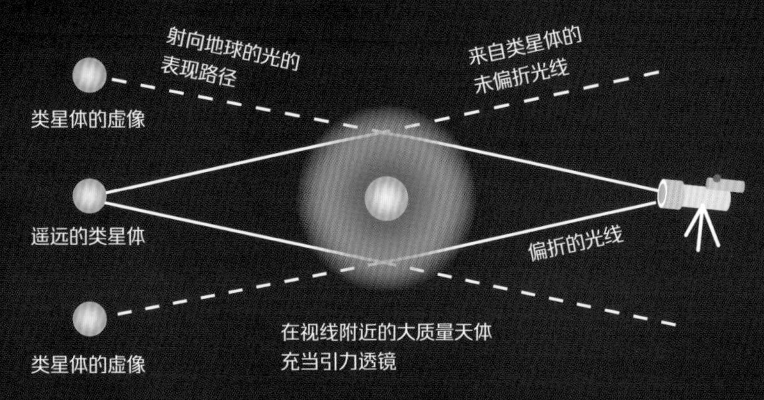

星系换了位置

虽然我们看不到暗物质的存在，但是暗物质巨大的质量会改变时空的状态，从而产生意想不到的效果。

天文学家发现了一个奇怪的现象：他们在某一个方向可以看到的星系，换个方向依然可以看到，而且两个星系是一模一样的。这种现象如何解释呢？我们和这个星系之间一定有某种质量非常大的物质，它仿佛是一个透镜，让来自遥远星系的光弯曲了，于是看上去就好像星系换了位置。这种效应叫作引力透镜效应，除了星系团，也会在别的大质量天体上表现出来。

神秘的圆环

质量导致时空畸变，因此光被扭曲。物体质量越大，光的偏转程度就越大。星系团是宇宙中质量最大的物体，其表现尤为明显。

红色星系离我们很远，被离我们较近的蓝色星系团挡住了。蓝色星系团导致光被弯曲，使得我们看到的红色星系被扭曲成了环状。根据星系团质量的不同，我们也可能看到环段、马掌形或很多点的形状。这便是星系团的引力透镜作用。

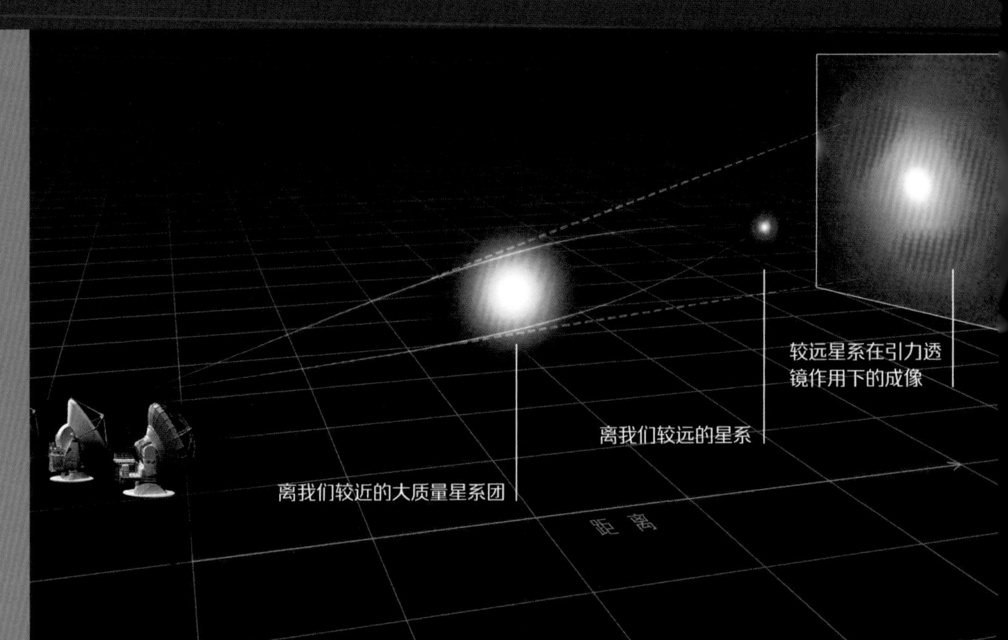

暗能量

100 多年前，大多数人还认为宇宙就像一个房间一样，房间里所有的东西都有固定的位置。然而天文学家们发现一个奇怪的现象，所有的恒星和星系都在远离彼此。宇宙并不像房间那样有着固定的大小，而是在一直膨胀。

知识加油站

暗能量的发现完全是个意外。事实上，我们对暗能量知之甚少，它的真面目还有待我们进一步去探索和发现。

科学家们想要了解，宇宙膨胀的速度是在减慢，还是始终保持一个稳定的速度？因为宇宙中存在着大量的物质，由此产生了巨大的引力，引力试图把所有的东西拽到一起。如果引力够大，膨胀速度会越来越慢；如果它不够大，那么宇宙就会保持现有的膨胀速度。

观测结果让人大跌眼镜。宇宙不仅在膨胀，而且在加速膨胀！科学家将这种神秘的驱动力命名为暗能量。我们看不到它，但是它像一只无形的手一样，推动着一切向外走。

你在这里

加速膨胀

50亿年后，宇宙进入“黑暗时代”，暗能量让宇宙的膨胀速度加快了。

膨　胀

大爆炸后的10^{-31}秒内，宇宙突然打开，膨胀速度超过了光速。宇宙中的所有物质和能量被抛向各个方向。

大爆炸

138亿年前，宇宙是从一个致密炽热的奇点，经过一次大爆炸后膨胀形成的。

暗物质和暗能量

共同点

它们都不可见，但可以被间接观测到，而且在宇宙物质中所占的比例比正常物质所占的多得多。

不同点

暗物质具有引力效应，使正常物质集聚，形成星系。

暗能量具有负压效应，反引力，使宇宙加速膨胀。

5%

正常物质

它由构成我们可见宇宙的原子组成，包括星系、星云、恒星、行星、气体、细菌、植物、动物以及我们人类自身。所有物质之间都有引力的作用。

27%

暗物质

与正常物质一样，由于引力作用，暗物质聚集成团，彼此向内拉拽。暗物质不吸收光，也不发出光，因而难以追踪，也没有人知道它的构成。天文学家猜测它是一种尚未发现的亚原子粒子和正常物质的组合，但是它太暗了，所以我们检测不到。

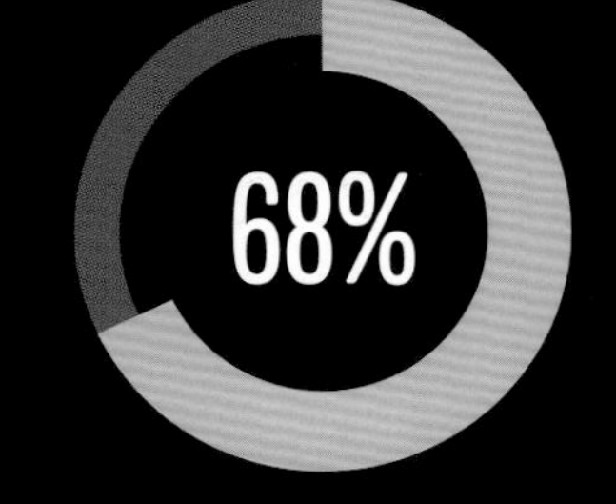

暗能量

没有人知道暗能量到底是由什么构成的。引力会使宇宙的膨胀速度逐渐减缓，它则表现为一种与引力作用相反的能量。

宇宙的命运

我们已经知道了宇宙的过去和现在，那我们能够预测宇宙在遥远未来的命运吗？答案是：不完全能。

恒星和行星的生命都有尽头，宇宙的命运可就没这么明确了。这是因为对于关乎宇宙命运的暗能量，我们几乎一无所知。不过我们也可以依据现有的认识，做出大胆的猜测。

大撕裂：有可能

如果宇宙不断加速膨胀，总有一天，宇宙中各个物体相互远离的速度会超过光速。这就意味着恒星发出的光再也无法到达我们这里。在数百亿年甚至更久之后，世界将变得一片漆黑。如果膨胀继续下去，宇宙甚至会撕裂星系、恒星和行星。当然，这一切的前提是，宇宙膨胀会不断加速。

实际上我们只观察到了宇宙的加速膨胀，对于加速的原动力并不是很了解，未来宇宙膨胀的速度也有可能会变慢。

宇宙的命运和它的形态密切相关，不同的形态将导致不同的命运。

① 开宇宙

宇宙的密度小于临界密度。

结局：大冷寂

② 闭宇宙

宇宙的密度大于临界密度。

结局：大坍缩

③ 平坦宇宙

宇宙的密度等于临界密度。

结局：大冷寂

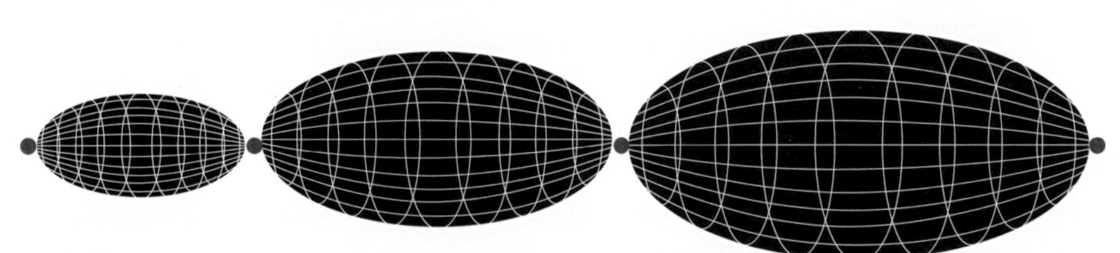

④ 婴儿宇宙

宇宙坍缩后形成一个质量很大的黑洞，新的宇宙会从中产生，然后周而复始。

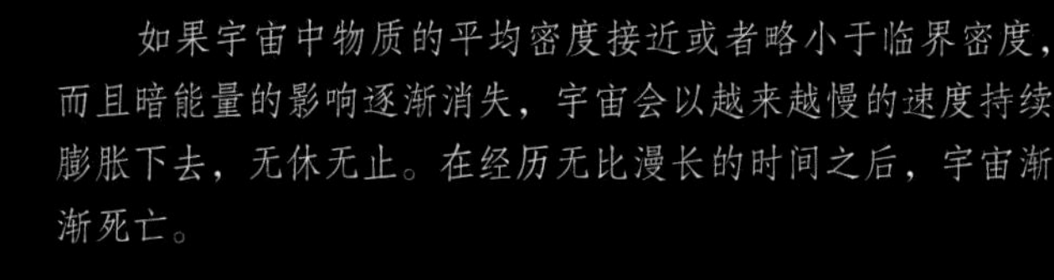

如果宇宙中物质的平均密度接近或者略小于临界密度，而且暗能量的影响逐渐消失，宇宙会以越来越慢的速度持续膨胀下去，无休无止。在经历无比漫长的时间之后，宇宙渐渐死亡。

大冷寂：有可能

随着宇宙不断膨胀，恒星之间的距离变得非常巨大。即使是离我们最近的邻居，也会离我们越来越远，于是地球变得越来越孤独，越来越寒冷。

在经历了漫长的膨胀过程后，物质再也不能聚集成团，无法形成新的恒星。现有星系的气体都会耗尽，恒星只剩下残骸，即便是黑洞也会通过粒子辐射逐渐蒸发。宇宙越来越冷，彻底暗下去，只剩下弥散的光子等基本粒子，一片冷寂，死气沉沉。最后，宇宙中所有物质的运动都无限接近于零，整个宇宙进入“冰冻”状态，直至死亡。

大坍缩：不太可能

在暗能量被发现之前，大多数科学家都认为随着宇宙的膨胀，足够多的物质产生巨大的引力，引力会让宇宙停止膨胀。由于星系中心的引力作用，宇宙向内部坍缩，所有星系越聚越紧，最终形成一个紧密的物质团，从而摧毁宇宙中的所有生命。大坍缩之后，宇宙可能会重新开始，循环往复，无穷无尽。

宇宙的大坍缩就好像将大爆炸的过程反过来。但是，现在看来这种情况发生的可能性微乎其微，在暗能量的作用下，宇宙依然在加速膨胀。

大爆炸

名词解释

暗能量：一种无法观测到的能量，加速了宇宙的膨胀，是宇宙最主要的组成部分。

暗物质：科学家推断存在的一种不发光物质，包括不发光天体、星系晕物质等。

奥尔特云：也叫彗星云，是一个包围着太阳系的球体云团。

超新星：质量超过太阳质量8倍的恒星在演化接近末期时经历的一个阶段，释放出大量能量。

大气层：由于引力作用而环绕着行星或卫星的气体圈。

电磁辐射：电磁场能量以波的形式向外发射的过程。它也指所发射的电磁波，以光速在空间中传播，有着特定的频率和波长。

分子：由两个或者多个原子组成，是物质中能够独立存在并保持该物质所有化学特性的最小微粒。

光年：光在一年内走过的距离，约9.46万亿千米。

哈雷彗星：每76年环绕太阳一周的周期彗星。英国天文学家埃德蒙·哈雷最早推算出它的轨道和运行周期。

黑洞：一种密度极大的天体，具有极为强大的引力，即使是光也无法从中逃逸。

恒星：由炽热气体组成、能自己发光的天体。太阳就是一颗恒星。

彗星：太阳系里的一种小天体。在它接近太阳时，彗星物质升华，留下一条长长的彗尾。

聚变：轻原子核聚合为较重的原子核并释放巨大能量的过程。

空间曲率：由于光沿着任意两点间的最短距离传播，所以光的弯曲曲率等同于空间弯曲的曲率。

夸克：组成质子、中子的粒子。夸克成对存在，有6种，共3对。

普朗克时间：时间的最小间隔，宇宙中几乎不存在比普朗克时间更短暂的时间。

万有引力：存在于任意两个有质量的物体之间的吸引力。在宇宙的任何角落，引力的作用方式都是一样的。

卫星：围绕行星运行的天然天体，本身不发光。月球是地球的天然卫星。

系外行星：泛指在太阳系以外的行星。它们围绕着太阳以外的其他恒星转动。

小行星带：太阳系内介于火星和木星轨道之间的小行星密集区域。

星系：宇宙中的恒星会在引力的作用下，集合在一起，形成星系。

星系团：星系借助引力聚集在一起的集团，其中包含数十个至数千个星系。

星云：由星际气体和尘埃组成的云雾状天体，非常稀薄。星云里的物质也有可能凝聚成团，形成恒星。

行星：绕着恒星运行的天体，自身不发光。太阳系中有8颗行星。

银河系：太阳系在宇宙中的家，由包括太阳在内的恒星、恒星集团、星际物质和暗物质聚集而成。

引力波：时空弯曲所产生的“涟漪”，像波浪一样不断向外传播，并以引力辐射的形式传输能量。

引力透镜效应：大质量的天体通过引力作用使光发生弯曲，从而引起时空的畸变。其原理和凸透镜类似。

原子：元素最小的组成部分，由一个带正电荷的原子核和周围带负电荷的电子组成。

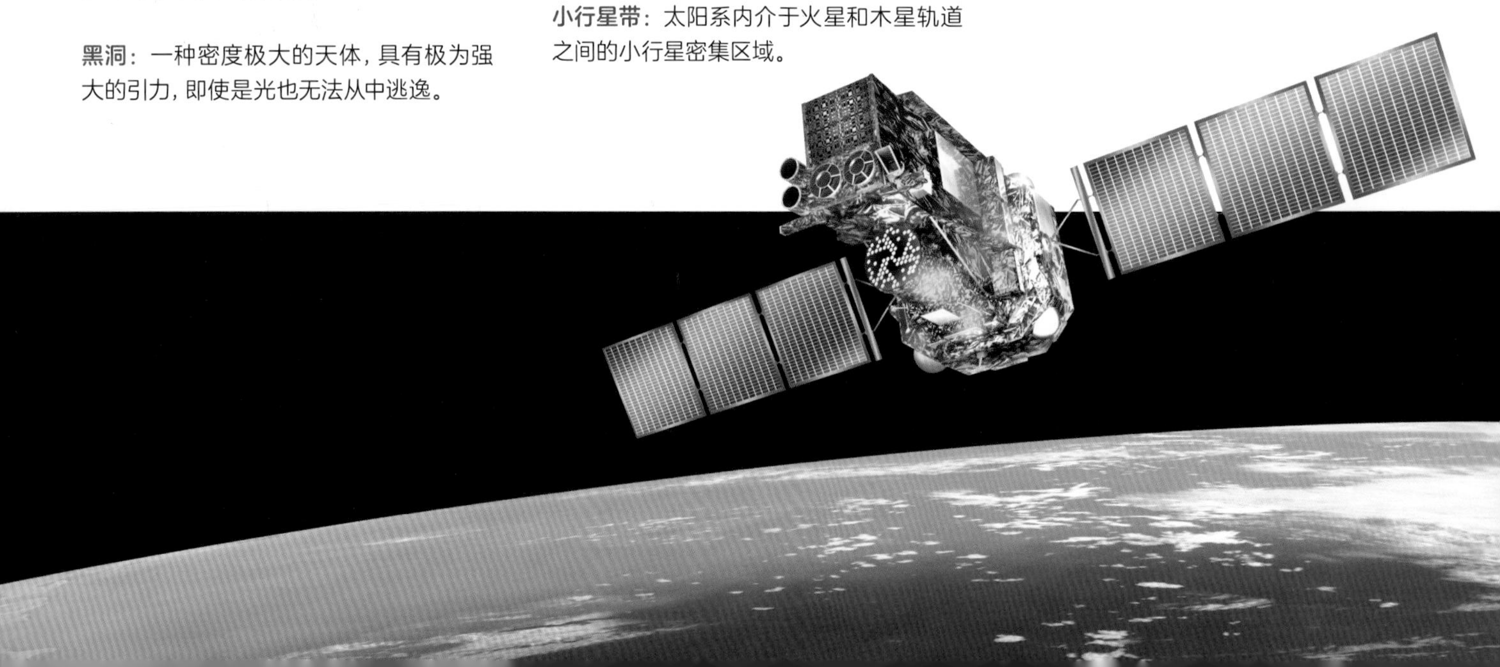

图书在版编目（CIP）数据

浩瀚宇宙 / 高晓华著. — 上海 : 少年儿童出版社,
2021.10
（中国少儿百科知识全书）
ISBN 978-7-5589-1125-5

Ⅰ. ①浩… Ⅱ. ①高… Ⅲ. ①宇宙—少儿读物 Ⅳ.
①P159-49

中国版本图书馆CIP数据核字（2021）第182301号

中国少儿百科知识全书

浩瀚宇宙

高晓华 著

刘芳苇　胡方方　杨　念 装帧设计

责任编辑 沈　岩　策划编辑 王乃竹

责任校对 黄亚承　美术编辑 陈艳萍　技术编辑 许　辉

出版发行 上海少年儿童出版社有限公司

地址 上海市闵行区号景路159弄B座5-6层　邮编 201101

印刷 恒美印务（广州）有限公司

开本 889 × 1194　1/16　印张 3.5　字数 50千字

2021年10月第1版　　2023年9月第4次印刷

ISBN 978-7-5589-1125-5 / Z · 0023

定价 35.00元

图片来源 图虫创意、视觉中国、Getty Images、NASA 等

审图号 GS（2021）3992号